クモ
ハンドブック

馬場友希・谷川明男 著

コガネグモ（隠れ帯・イソウロウグモ付き）

文一総合出版

本書の特徴

日本には1,600種近くのクモがいます。本書ではその中から身近に生息する種、あるいは外見で区別が可能な種を100種選びました。九州や南西諸島など一部の地域にしかいないグループ、見た目から種の同定が難しいグループ、さらに小さくて観察が難しいグループは詳しく紹介していません。また、「身近」とは本州・四国・九州の平野部が基準で、北海道や南西諸島、そして高山地域など、クモ相が大きく異なる地域にはあてはまらないことにもご注意ください。

本書の使い方

野外でクモを見つけたら、まず6～7ページの「かんたん検索」を見て、大まかなグループの当たりをつけます。次にその科に属するクモのページに行き、外見の特徴が一致する種を探します。正確な同定を行う場合は、実体顕微鏡でクモの交尾器を観察し、交尾器の特徴が一致しているかどうかを確認します（→p.3）。

コガネグモ科 Araneidae　★★

ギンメッキゴミグモ
Cyclosa argenteoalba

銀白色

メス

黒色型のメス

オス

メス外雌器

オス触肢

(近)ギンナガゴミグモ（メス）腹部が長い

大きさ：メス4～7mm、オス3～4mm
成体出現時期：春、夏（年2回発生）
分布：本州・四国・九州

腹部が通常銀色だが、黒色型もいる。山地から平地にかけて生息し、林縁や林内の薄暗い環境で樹の間に円網を張る。一般的に網を張るクモは頭を下に向けて止まるが、本種は頭を上に向ける。ゴミリボンで網を装飾することはなく、幼体期に隠れ帯を作る。類似種にギンナガゴミグモがいるが、本種に比べて腹部が長く、網も低い位置に張る。

52

---

① メスとオスの全形図では、同定の鍵となる特徴を破線で示した

② メスの原寸大（全形図がほぼ原寸の場合は省略）

③ 変異個体や近似種の写真を掲載

④ オス、メスの交尾器の写真では、同定の鍵となる特徴を破線で図示

⑤ 成体出現期：春（3～5月）、夏（6～8月）、秋（9～11月）、冬（12～2月）、一年中に分類

⑥ 分布：北海道・本州・四国・九州（屋久島・種子島を含む）・南西諸島に区分

⑦ 生活様式：地中性、円網性、立体網性、徘徊性、その他に分類

⑧ 特徴：形態や生態の特徴、近似種との識別点について解説

⑨ レア度：1～5段階の★の数で表示。★の数が多いほど珍しい。個体数の多さ、分布の広さ、生息地の広さ、見つけやすさを勘案し、筆者らが独自に定めた

交尾器の観察法

メスの交尾器（外雌器）は腹部の腹側の中央部に，オスの交尾器は触肢の末端にあります。これらは成体にならないと形成されないため，幼体での正確な同定は困難です。

交尾器を観察するには，まずクモを75～80％のエタノール（薬局で売っている消毒用アルコールで代用できます）に漬けて，液浸標本にする必要があります。クモの場合，乾燥すると交尾器も変形してしまうので，昆虫のように乾燥標本にはできません。

交尾器の観察には双眼実体顕微鏡を用います。倍率は60倍程度あれば十分ですが，小さな種の場合は100倍程度あるとよいでしょう。観察するときは小型のシャーレ（直径3～4cm）を用意し，そこにエタノールを浸した状態で観察します。シャーレの底に粉末状のシリカゲル（ワコーゲル等）を敷くと，好きな角度にクモの体を固定でき，観察しやすくなります。

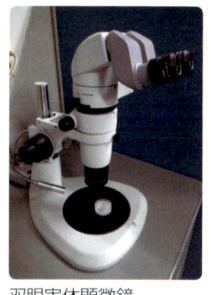

双眼実体顕微鏡

液浸標本　シリカゲルにのせたクモ

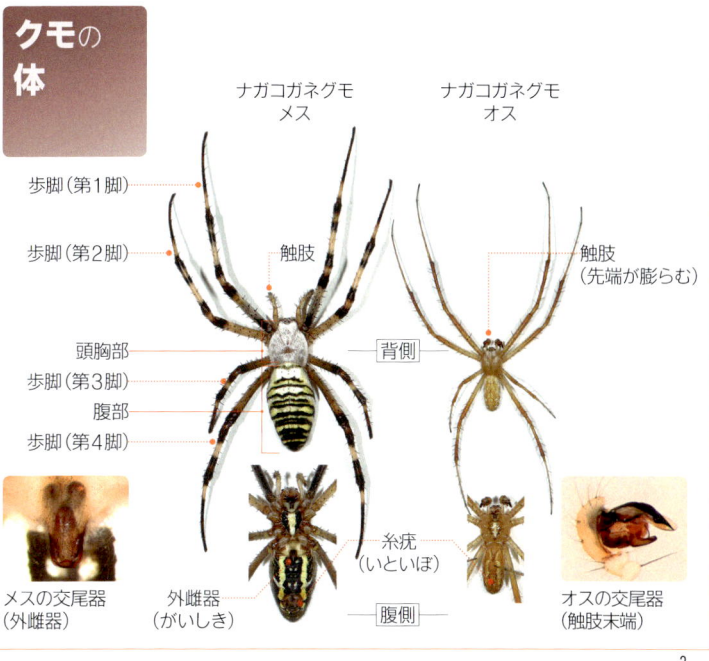

クモの体

ナガコガネグモ　メス
ナガコガネグモ　オス

歩脚（第1脚）
歩脚（第2脚）
触肢
触肢（先端が膨らむ）
頭胸部
背側
歩脚（第3脚）
腹部
歩脚（第4脚）

メスの交尾器（外雌器）
外雌器（がいしき）
糸疣（いといぼ）
腹側
オスの交尾器（触肢末端）

クモとは？

1.クモの特徴

クモは節足動物門(Arthropoda)、鋏角亜門(Chelicerata)、クモガタ綱(Arachnida)、クモ目(Araneae)に属します。全世界からは129科50,000種ほどが知られており、国内には64科1,700種ほどが生息しています。

クモの特徴は腹部先端の出糸器官から糸を出すことです。糸は網や住居、さらに卵を保護する卵のうを作ったり、移動する際の命綱として使用するなど、その用途はさまざまです。なお、糸は1種類ではなく、用途に応じて異なる種類の糸が使い分けられており、使える糸の種類の数もクモのグループによって異なります。また、クモは全種が捕食性で、節足動物など生きた獲物を捕らえ、外から消化液で溶かし、その液をすすります。多くのクモは獲物を麻痺させるための毒をもちますが、ゴケグモ類などの一部を除き、その毒が人間の命を脅かすケースはほとんどありません。クモは脱皮を通じて成長し、最終脱皮の後、性成熟することで交尾器が完成します。脱皮の回数は種類や雌雄によって異なります。

オオジョロウグモ。メスの上に乗っているのがオス（矢印）

2.雌雄の違い

クモはオスとメスの形態的な違いがとても大きく、一見別種に見える場合もあります。その違いの度合いはクモのグループによって異なります。例えばコガネグモ科では、メスはオスより大きく、極端な例ではメスの体重がオスの100倍近くある場合もあります。一方、ハエトリグモの仲間は雌雄間で色や模様が大きく異なります。

オス

ヤハズハエトリ。雌雄で模様が大きく異なる
メス

ヤサガタアシナガグモの円網

ニホンヒメグモの立体網

徘徊して獲物を捕らえるデーニッツハエトリ

3. 生活様式

クモの生活様式は大まかに以下の3つに分けることができます。

A. 地中性……地面や崖の斜面を掘ってそこを住居とするクモで、キムラグモやジグモ、トタテグモなどの原始的なクモの仲間が該当します。住居の入口部分にフタを作ったり、穴を掘った部分に袋状の住居を作るクモがおり、巣の形状はさまざまです。

B. 造網性……網を張って獲物を捕獲するクモのことです。大きく2つのタイプに分けられます。

- 円網：放射状に広がる縦糸と、らせん状の横糸によって構成される平面的な網です。主にコガネグモ科、アシナガグモ科、ウズグモ科のクモがこの網を張ります。縦糸は円網の構造を作る骨組みの役割を、横糸は伸縮性と粘着性を兼ね備えており、獲物の衝撃を吸収、保持する役割です。横糸の粘着性は、糸の上に数珠状に連なる粘球に由来します。一方、ウズグモ科の横糸には粘球がなく、代わりにたくさんの細かい糸が束状に集まった梳糸（そし）があり、その糸に絡まることによって獲物が捕獲されます。

- 立体網：立体的な網で主にサラグモ科、ヒメグモ科、タナグモ科のクモがこのタイプの網を張ります。基本構造として不規則に糸が張り巡らされた部分と、受け皿のようなシート部から成りますが、シートの有無や形状はグループによって異なります。網内に住居を作るクモもおり、例えばタナグモ科の仲間はシート部にトンネル状の住居、ヒメグモ科の一部は不規則網に落ち葉で造った住居を設けます。糸には粘着性はなく、獲物が不規則な糸にぶつかって、網に迷いこんだところをクモが襲って食べます。一方、ヒメグモやユウレイグモの仲間には粘着物質を使って獲物を捕らえるものもいます。

C. 徘徊性……網を張らないクモの仲間です。じっと獲物を待ち構える待ち伏せ型、獲物を目で見ながら追いかける追跡型など、グループによって狩りの方法が異なります。カニグモ科やコモリグモ科は待ち伏せ型、ハエトリグモ科は追跡型に該当します。

その他……イソウロウグモやヤリグモの仲間はほかのクモの網に侵入して、獲物を盗んだり、宿主のクモを襲って食べることが知られています。

かんたん検索 …網の形で識別する

円網

ウズグモ科 (p.14~16)
アシナガグモ科 (p.31~39)
コガネグモ科 (p.40~71)

立体網

ドーム網

アシナガサラグモ (p.28)
ユノハマサラグモ (p.30)

ハンモック網・シート網

ニホンヒメグモ (p.23)
サラグモ科 (p.27, 29)

不規則網

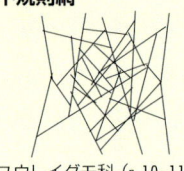

ユウレイグモ科 (p.10~11)
ヒメグモ科 (p.18, 24, 25)

棚網

タナグモ科 (p.80~81)

地中性

トンネル住居

トタテグモ科 (p.9)

袋状住居

ジグモ科 (p.8)

そのほかの網

条網

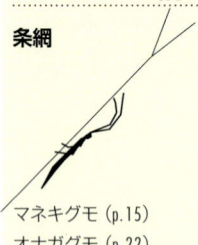

マネキグモ (p.15)
オナガグモ (p.22)

ボロ網

ハグモ科 (p.82)

天幕住居

ヒラタグモ (p.13)

管状住居

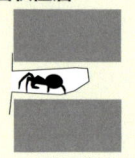

エンマグモ科 (p.12)

かんたん検索 … **体形**で**識別**する

●脚の長さが均等

●縦に長い

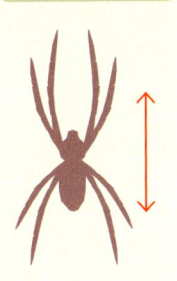

コモリグモ科 (p.72~74)
キシダグモ科 (p.75~78)
ササグモ科 (p.79)
タナグモ科 (p.80~81)
コマチグモ科 (p.84~85)
その他

●横に長い

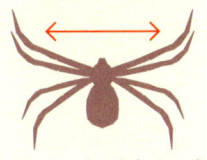

アシダカグモ科 (p.86~87)
エビグモ科 (p.88~89)

●第1,2脚が長い

●横に長い

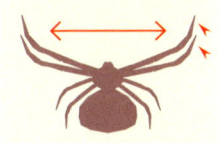

カニグモ科 (p.90~95)

●第3脚が短い

●腹部は丸っこい

ウズグモ科 (p.14~16)
ヒメグモ科 (p.18~26)
サラグモ科 (p.27~30)
コガネグモ科 (p.40~71)

●腹部・歩脚が長い

ユウレイグモ科 (p.10, 11)
アシナガグモ科 (p.31~39)
コガネグモ科 (p.40~71)

●脚の長さが均等

●頭部の幅が広く前縁が平ら

ハエトリグモ科 (p.96~110)

●歩脚は太短く, 頭胸部が大きい

ジグモ科 (p.8)
トタテグモ科 (p.9)

●クモに似た生き物

ダニ類

ザトウムシ類

見た目上, 頭胸部と腹部が分かれない

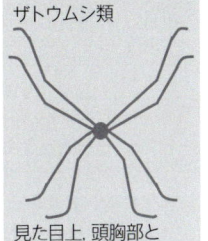

7

| ジグモ科　*Atypidae* | ★★ |

ジグモ
Atypus karschi

正面　　大きな牙

メス

巣の地上部

オス

メス外雌器

オス触肢

大きさ：メス12〜20mm, オス10〜15mm
成体出現時期：メス 一年中, オス 夏
分布：北海道・本州・四国・九州

メスは全身黒褐色もしくは紫褐色。オスはメスに比べて体が小さく細い。平地の神社や公園, 農地などさまざまな場所に生息し, 地中に管状の住居を作ってその中に潜む。住居となる管の先端部は地上にあるコンクリートや低木などに付着し, その部分に触れた昆虫類を巣に引き込む。

| トタテグモ科　*Halonoproctidae* | ★★★★ |

キシノウエトタテグモ
Latouchia typica

白い横すじ

メス

オス

巣穴（閉じた状態）

巣穴（開いた状態）

メス外雌器

斑紋なし

類キノボリトタテグモ
樹木の幹や根元に巣穴を作る

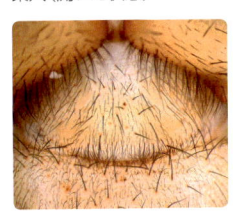

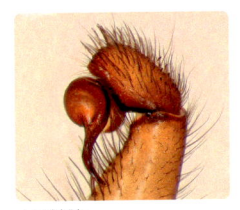

オス触肢

大きさ：メス12〜20mm，オス10〜15mm
成体出現時期：メス 一年中，オス 秋
分布：本州（東北を除く）・四国・九州

腹部には白い横すじがある。オスはメスに比べて脚が長い。神社の境内，大学の構内，庭先や城の石垣，崖地などに生息する。地面に巣穴を掘り，片開きの扉をつける。クモは扉の内側で待ち構え，扉の前を通る昆虫や小動物を捕らえる。

| ユウレイグモ科　*Pholcidae* | ★★ |

ユウレイグモ
Pholcus crypticolens

メス

オス

卵のうを保護するメス

メス外雌器

オス触肢

大きさ：メス5〜6mm，オス4〜5mm
成体出現時期：春〜夏
分布：北海道・本州・四国・九州

細くて長い脚が特徴。平地から山地まで分布し，崖地のくぼみや樹木の根が露出した部分の下，軒下など薄暗い場所に不規則な網を張る。危険を感じると体を揺らす。よく似た種類にイエユウレイグモがいるが(p.11)，本種の方がひと回り小さい。

ユウレイグモ科　*Pholcidae*　★★

イエユウレイグモ
Pholcus phalangioides

メス

オス

体は半透明（メス）

生息場所

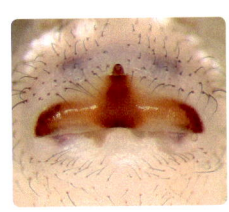

メス外雌器

オス触肢

大きさ：メス 8〜10 mm, オス 7〜8 mm
成体出現時期：一年中
分布：本州, 四国, 九州, 南西諸島

体に対して脚が細くて長い。頭胸部や脚は半透明の灰色で, 腹部の中央に大きな褐色の模様がある。屋内性の大形のクモで, 人家や学校, 神社, 倉庫などに生息し, 天井や家具のすき間などにシート状の不規則な網を張る。触れると体を揺らす。世界中に広く分布する。

| エンマグモ科　*Segestriidae* | ★★★ |

ミヤグモ
Ariadna lateralis

他（管状住居）

メス

樹皮のすき間に作られた住居

メス外雌器

オス触肢

オス

第3脚が前を向く

大きさ：メス12〜20 mm, オス10〜15mm
成体出現時期：一年中
分布：本州・四国・九州

全身光沢のある黒褐色。樹林地や公園, 神社で見られ, 人工物や樹皮のすき間, 岩の割れ目などに管状の網を作る。黒色のクモはさまざまなグループで見られるが, 腹部が円筒状で, 第3脚が前を向くという特徴から本種と識別できる。

| チリグモ科　Oecobiidae | ★ | | 他（天幕住居） |

ヒラタグモ
Uroctea compactilis

体は扁平　特徴的な黒斑

メス

住居から出てきたメス

袋状の住居と受信糸

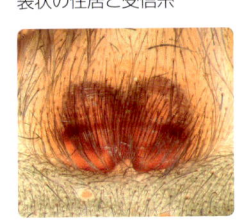

メス外雌器

オス触肢

オス

大きさ：メス8〜12mm, オス6〜10mm
成体出現時期：一年中
分布域：北海道・本州・四国・九州

体形は扁平で，腹部に特徴的な黒い斑紋をもつ。人家や神社などの建造物の周辺で見られ，コンクリートの壁やブロック塀，稀に木の幹に平たい円形の住居を作る。巣からは放射状に複数の糸が伸びており，獲物がその糸に触れるとクモが飛び出し，獲物を捕らえる。

| ウズグモ科　*Uloboridae* | ★★★ | 他（扇網） |

オウギグモ
Hyptiotes affinis

眼は6個

メス

腹部が頭胸部に被さる

オス

扇（おうぎ）の形をした網

メス外雌器

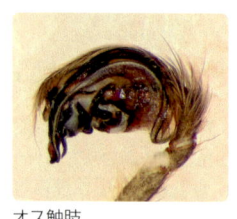

オス触肢

大きさ：メス4〜5mm, オス4〜5mm
成体出現時期：秋
分布：本州・四国・九州・南西諸島

脚が短く, 腹部が頭胸部の一部を覆う。眼は6個で, ほかのクモよりも少ない（大半のクモは8個）。林内など薄暗い環境に生息し, 低木の枝の間に扇状の網を作る。クモは扇の要（かなめ）の部分で糸を引っ張り, 獲物が網にかかると糸を緩めて, 獲物に糸を絡ませる。

| ウズグモ科　*Uloboridae* | ★★★ | 他
(条網) |

マネキグモ
Miagrammopes orientalis

眼は4個

平たい形をした第1脚

メス

条網

オス

メス外雌器

オス触肢

大きさ：メス7〜15mm, オス4〜6mm
成体出現時期：夏〜秋
分布：本州・四国・九州・南西諸島

小枝のような形をした奇妙なクモ。第1脚は平たく，下部にたくさんの毛が生える。眼は4個でほかのクモより少ない。山地から平地にかけての林縁に生息。網の形はユニークで，1本の糸から3〜4本の糸を下ろし，その糸の連結部に脚を広げて獲物を待ち構える。

15

| ウズグモ科　*Uloboridae*　★ |

カタハリウズグモ
Octonoba sybotides

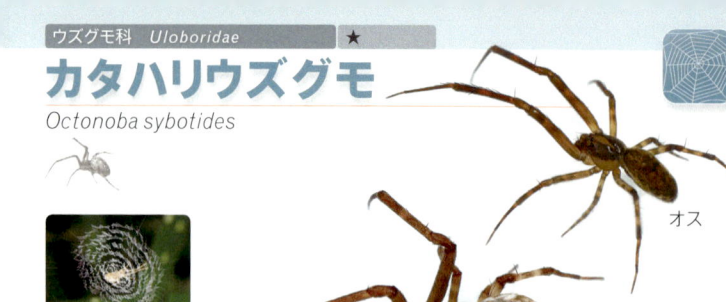

水平円網と隠れ帯

メス外雌器

オス触肢

オス

メス

大きさ：メス4〜6mm, オス3〜4mm
成体出現時期：春〜夏　**分布**：本州・四国・九州

全身淡褐色または黄褐色で，腹部に数対の白斑がある。山地から平地まで広く生息し，林床や林縁の草が茂った場所，崖地や石垣のすき間など，薄暗い場所に水平円網を張る。円網の中心部には直線や渦巻き状の隠れ帯を付ける。近似種にヤマウズグモがいるが，本種のほうが体色が明るい。

| ウズグモ科　*Uloboridae*　★★ |

ヤマウズグモ
Octonoba varians

メス外雌器

オス触肢

オス

色が暗い　メス

大きさ：メス4〜6mm, オス3〜5mm
成体出現時期：夏　**分布**：本州・四国・九州

体色は暗く，腹部に数対の白斑がある。山地に生息し，森林内や崖地，渓流の岩のすき間などの薄暗い環境に水平円網を張る。カタハリウズグモ同様，直線や渦巻状の隠れ帯を作る。

番外編 本書で詳しく紹介しなかったクモの仲間

キムラグモの仲間（ハラフシグモ科）

最も原始的なクモの仲間で「生きた化石」とも呼ばれる。腹部に体節の跡があり、糸疣（いといぼ）も腹部の中間的な位置にあるなど、ユニークな特徴をもつ。地中に穴を掘り、扉のある住居を作る。日本では九州南部・沖縄地方にのみ分布。（クンジャンキムラグモ）

コサラグモの仲間（サラグモ科）

体長1〜3mmの微小なサラグモ類の総称。水田や草地、森林などあらゆる環境に生息し、植物の根元など低い位置にシート網を張る。身近に見られる種は多いものの、種数が多く、サイズも小さいため、見た目での識別は難しい。（セスジアカムネグモ）

ヤチグモの仲間（タナグモ科）

大形の造網性クモ。シート状の網とトンネル型の住居から成る棚網を張る。秋から冬にかけて成熟する種が多い。外見が似た種が多いため、種を識別する際は交尾器を見る必要がある。（シモフリヤチグモ）

ワシグモの仲間（ワシグモ科）

地表徘徊性のクモ。糸疣は先端で細くならず、円筒のような形をしている。石や落葉の下に潜んでいるものが多く、ふだん目にする機会は多くない。黒色または黒褐色等、見た目が地味な種が多い。（メキリグモ）

フクログモの仲間（フクログモ科）

徘徊性のクモで、ふだんは葉を折って作った住居や袋状の住居に潜み、夜間に植物上を歩く。身近に見られるクモであるが、模様のない種が多く、見た目の特徴が乏しいため、識別は難しい。（ヒメフクログモ）

ヒメグモ科 *Theridiidae* ★★

アシブトヒメグモ
Anelosimus crassipes

（不規則網）

メス

第1脚が太い

オス

不規則網

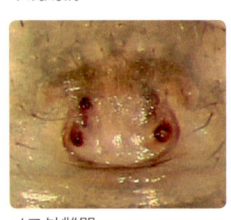

メス外雌器

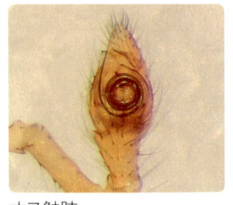

オス触肢

大きさ：メス4〜5mm, オス3〜5mm
成体出現時期：春〜秋
分布：日本全土

頭胸部は赤褐色で，背中に縁が波状の赤い模様をもつ。オスの第1脚は太い。特徴的な模様からほかのクモとの識別は容易。平地から山地に広く生息し，広葉樹の枝葉の間に不規則な網を張る。年2化性で春と秋に多い。母グモによる子育てが観察される。

ヒメグモ科　Theridiidae　★

シロカネイソウロウグモ
Argyrodes bonadea

（盗み寄生）

メス

コガネグモに寄生する個体

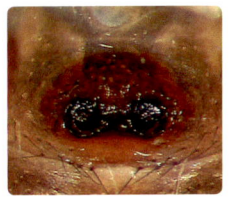

メス外雌器

オス

頭部に突起

オス触肢

大きさ：メス2〜3mm, オス2〜3mm
成体出現時期：春〜秋
分布：本州・四国・九州・南西諸島

腹部は背面が銀色の鱗片で覆われ，腹面は黒色。オスの頭部に突起がある。盗み寄生性で，コガネグモやジョロウグモなど円網を張るクモの網の上でよく見られるが，立体網を張るクモにも寄生する。特にジョロウグモの網を好み，1つの網に数十匹の個体が侵入することがある。

19

コラム Column : 1

他人の住居に居候するクモ
～イソウロウグモ～

　イソウロウグモとは自分で網を張らず、ほかのクモの網に居候し、宿主(しゅくしゅ)の網に捕まる獲物を盗んで生活するクモです。熱帯地方を中心に世界から200種以上知られており[※1]、日本には10種が生息しています。

　イソウロウグモは通常、造網性クモの網に足場を作ってジッとしており、主に宿主が見向きもしないような小さな獲物を盗み食いします。しかし、時に宿主の食べている獲物の裏側に回り込んで一緒に食べたり、さらには宿主がほかの獲物に気を取られている間に、それまで宿主が食べていた獲物を奪い取るなど、大胆な行動をします。特に後者の行動は巧みで、宿主が元の場所に戻るまでのわずかな時間に、猛スピードで獲物に近づき、手際よく盗み去ります。このような大胆かつ精密な行動ができるのは、イソウロウグモが宿主が動く際に発する糸の振動を頼りに、その位置や行動を正確に把握しているからです。

カラフルな
ミナミノアカイソウロウグモ

　イソウロウグモは盗み以外にも実に多様な採食行動を見せます。例えば、ミナミノアカイソウロウグモはふだん、宿主の網にかかった小さな獲物を盗みますが、獲物が少ない状況下では、何と宿主の網の一部を食べます[※2]。またチリイソウロウグモは宿主を捕食したり、クロマルイソウロウグモではオオヒメグモの孵化したての子どもを食べます。もはや「居候」の域を超えていますね。

　宿主にとって厄介な存在のイソウロウグモですが、悪い面ばかりではないようです。最近の研究によると、イソウロウグモの一種は体表面から光を反射することで、獲物となるガを誘引し、宿主の網の食物量を増やすそうです[※3]。招かざる客か、それとも良きパートナーか、居候と宿主の関係は何とも奥が深そうです。

オオヒメグモの孵化幼体を狙う、
クロマルイソウロウグモ（矢印）

※1 Herberstein, M. E. (ed) 2011 Spider Behaviour pp.348-386.
※2 Miyashita, T. et al. 2004 J. Zool. 262:225-229.
※3 Peng, P. et al. 2013 Curr. Biol. 23:172-176.

| ヒメグモ科　*Theridiidae* | ★★ |

チリイソウロウグモ
Argyrodes kumadai

(盗み寄生)

褐色の地に
黒や銀の斑紋

メス

オス

メスと卵のう（矢印）

メス外雌器

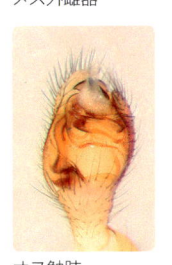

クサグモの迷網の上に居候する個体

オス触肢

大きさ：メス7〜11mm、オス5-9mm
成体出現時期：夏
分布：本州・四国・九州・南西諸島

腹部は黒条と銀色の斑紋が入り混じった複雑な模様。サイズが大きく、ほかのイソウロウグモとの識別は容易。平地から山地にかけて生息し、クサグモ（p.80）など立体網を張るクモの網上でよく見られる。宿主の獲物を盗んで生活するが、稀に宿主そのものを捕食することがある。

ヒメグモ科 *Theridiidae* ★★★ 他（条網）

オナガグモ
Ariamnes cylindrogaster

松葉のように細長い

メス

オス

獲物を捕らえたところ

メスと卵のう

メス外雌器

オス触肢

大きさ：メス25〜30mm，オス12〜25mm
成体出現時期：春〜夏
分布：本州・四国・九州・南西諸島

体全体が細長い奇抜なクモで，静止している姿はまるで「松の葉」のようである。体色は緑色だが，たまに褐色の個体も見られる。平地から山地まで生息し，主に林道や林縁などで見られる。クモを専門に捕食し，粘着性のない糸を樹間に3，4本張り，その糸を伝ってきたクモに粘球糸を投げつけて捕らえる。

| ヒメグモ科　*Theridiidae* | ★★ |

ニホンヒメグモ
Nihonhimea japonica

（シート網）

地色は橙色

メス

住居付き立体網

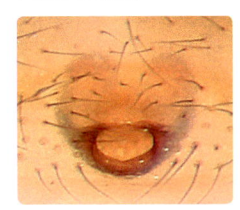

メス外雌器

黒点

オス

オス触肢

大きさ：メス3〜5mm, オス2〜3mm
成体出現時期：夏〜秋
分布：日本全土

メスは全身オレンジ色で，腹部に白い線と黒い紋が組み合わさった特徴的な模様をもつ。オスは赤色味が強く，腹部後方に黒斑がある。不規則網とシート網からなる二重構造の立体網を張る。網の中央部に枯葉を付けていることが多く，クモはふだんその中に潜んでいる。

| ヒメグモ科　*Theridiidae* | ★ |

オオヒメグモ
Parasteatoda tepidariorum

(不規則網)

メス

オス

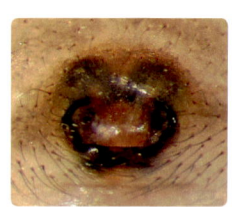

網に捕獲されたアマガエル

地表面に
下ろされた
粘球（矢印）
の付いた糸

メス外雌器

オス触肢

大きさ：メス5〜8mm，オス2〜4mm
成体出現時期：夏〜秋
分布：日本全土

体は褐色で腹部に黒い複雑な模様がある。オスは斑紋がはっきりしない。世界中に分布し，家屋や神社，公園，港など人工的な環境にもいる。不規則な網を張り，粘球の付いた糸を地表に下ろして徘徊性の節足動物などを捕える。類似種のカグヤヒメグモ（p.25）やハモンヒメグモとの識別はたいへん難しいが，本種が最も大形である。

ヒメグモ科　*Theridiidae*　★★

カグヤヒメグモ
Parasteatoda culicivora

(不規則網)

腹部後端が突出

メス

オス

メス外雌器

色彩変異(メス)　　色彩変異(メス)

オス触肢

大きさ：メス4〜5mm, オス2〜3mm
成体出現時期：春〜秋
分布：本州, 四国, 九州

腹部は褐色で, 複雑な模様がある。山地から平地の樹林地に生息し, 樹木の幹の分かれ目に不規則網を張る。同属に外見の似た種が多く, 識別が難しいが, 本種は腹部後方の突起が目立つ。またオオヒメグモ(p.24)とは生息環境が異なり, 本種は人工物に網を張ることはほとんどない。

| ヒメグモ科　*Theridiidae* | ★★★ | (放浪性) |

ヤリグモ
Rhomphaea sagana

糸疣

メス

頭部に突起

オス

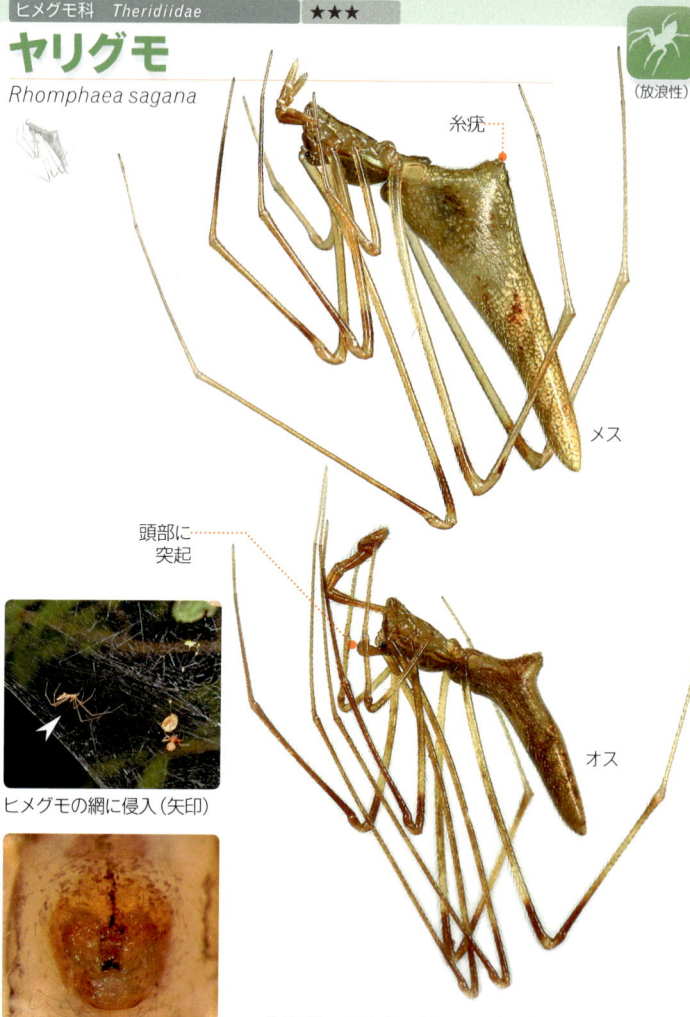

ヒメグモの網に侵入（矢印）

メス外雌器

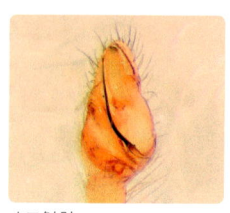

オス触肢

大きさ：メス 6〜11mm，オス6〜8mm
成体出現時期：夏
分布：北海道・本州・四国・九州

腹部は糸疣の後方が尾のように細く伸び，上方に突出する。オスの頭部には突起がある。里山から山地まで広く分布し，ほかのクモの網に侵入して，網の主を捕食する。クサグモやサラグモ類，ヒメグモ類，ゴミグモ類などの網で見られる。国内には類似種が4種いるが，外見からの識別は難しい。

| サラグモ科　*Linyphiidae* | ★★ |

クスミサラグモ
Neriene fusca

（ハンモック網）

白地に黒い斑紋

メス

枝先に張られたハンモック網

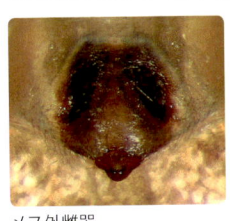

メス外雌器

頭胸部と脚部の赤色味が強い

オス

オス触肢

大きさ：メス3〜5mm, オス3〜5mm
成体出現時期：春
分布：北海道・本州・四国・九州

腹部の背中側は地が白く、そこに黒い模様が入る。オスの背甲、および歩脚は赤色味が強い。山地に多く、平地ではほとんど見られない。主に春先に見られ、葉の付いていない落葉樹の枝先に、不規則な網とシート状の網が組み合わさった「ハンモック網」を張る。

| サラグモ科　*Linyphiidae* | ★★★ |

アシナガサラグモ
Neriene longipedella

（ドーム網）

ドーム状の皿網

腹部腹面にある黄色斑

メス

黒い部分が多い

オス

メス外雌器

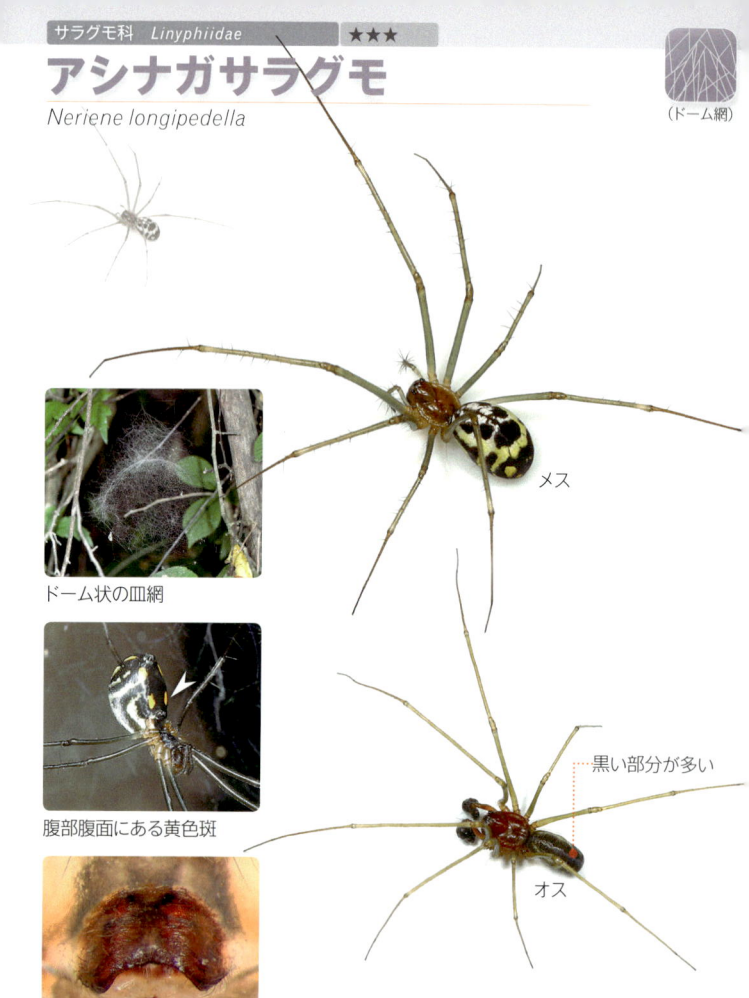

オス触肢

大きさ：メス5〜7mm, オス5〜7mm
成体出現時期：夏
分布：北海道・本州・四国・九州

メスの腹部背面には縦条とその両側に2対の黒斑があり，腹面には目立つ黄色斑をもつ。オスの腹部は黒い部分が多い。山地に多く，ドーム状の網を作る。腹部の黒斑のパターンや頭胸部の色の違いで類似種と識別できる。

| サラグモ科　Linyphiidae | ★★ |

ヘリジロサラグモ
Neriene oidedicata

（シート状）

腹部後端の
カーブが急

メス

全体的に黒い

オス

地表近くに張られたシート網

メス外雌器

オス触肢

大きさ：メス4〜5mm，オス4〜5mm
成体出現時期：春〜夏
分布：北海道・本州・四国・九州

メスは腹部の側面に白い条があり，後端のカーブが急で，横から見ると平らになっている。オスはメスに比べて全体的に黒く，模様がはっきりしない。平地の草原や林縁に生息し，草の根元等の低い位置にシート状の網を張る。

| サラグモ科　*Linyphiidae* | ★★★ |

ユノハマサラグモ
Turinyphia yunohamensis

（ドーム網）

特徴的な黒の縦条

メス

オス

樹幹に張られたドーム網

メス外雌器

オス触肢

大きさ：メス5〜6mm，オス4〜5mm
成体出現時期：春
分布：本州・四国・九州

頭胸部は赤褐色で中央に黒条がある。腹部は地が白く，両端が波打った黒い縦条が中央に走る。オスは春先の短い期間だけ見られ，斑紋が不明瞭。山地に生息し，ササやアオキなどの低木にドーム状の網を作る。

| アシナガグモ科　Tetragnathidae | ★★ |

キララシロカネグモ

Leucauge subgemmea

刺激により褐色に変化

メス

葉の裏に隠れる個体

メス外雌器

オス

オス触肢

大きさ：メス7～9mm，オス7～9mm
成体出現時期：夏～秋
分布：北海道・本州・四国・九州

腹部は黄金色の鱗に覆われて明るく，黒地の腹面に1対の黄色い縦条が入る。刺激を与えると，腹部の色が褐色に変わる。山地から平野まで広く生息し，主に草地の植物の間に水平円網を張る。特徴的な色と模様からほかのシロカネグモ属の種とは容易に識別できる。

| アシナガグモ科　Tetragnathidae | ★★ |

チュウガタシロカネグモ
Leucauge blanda

メス

両肩のコブに黒斑

メス外雌器

オス触肢

オス

大きさ：メス9〜13mm, オス6〜10mm
成体出現時期：夏〜秋
分布域：本州（南関東以南）・四国・九州・南西諸島

メスは腹部前端の左右（肩）にコブがあり, その中に黒斑がある。山地や平地の草地に生息し, 草の間に斜めに傾いた円網を張る。オオシロカネグモやコシロカネグモ（p.33）に似るが, 肩のコブの有無で識別できる。また他種は森林など薄暗い場所を好むのに対し, 本種は草地など開けた場所に生息する。

| アシナガグモ科　Tetragnathidae | ★★ |

コシロカネグモ
Leucauge subblanda

メス外雌器, 段差なし

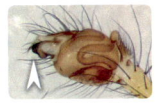

オス触肢, 着色あり

大きさ：メス8〜9mm, オス5〜7mm
成体出現時期：夏　**分布**：日本全土

腹部は銀色の地に3本の黒い縦条が走り, 刺激を与えるとその太さが変化する。山地から平地に広く分布し, 林内, 林縁などの薄暗い環境に生息。オオシロカネグモとは, 腹部の腹面にある黒い縦斑中の斑紋が目立つことや, その両側の縦条が太くて明るいという違いがあるが, その度合いはさまざまで, 外見での識別は難しい。

| アシナガグモ科　Tetragnathidae | ★★ |

オオシロカネグモ
Leucauge celebesiana

メス外雌器, 段差あり

オス触肢, 着色なし

大きさ：メス11〜15mm, オス7〜12mm
成体出現時期：夏〜秋　**分布**：本州・四国・九州・南西諸島

腹部の背面にある3本の縦条は, 刺激を与えると太くなる。山地から平地にかけて広く生息する。渓流や小川などの水辺に多く, 樹木や草の間に水平円網を張る。

| アシナガグモ科　Tetragnathidae | ★★★★ |

キンヨウグモ
Metellina ornata

（幼体のみ）

『i』字状の黄斑

メス

オス

メス外雌器

オス触肢

大きさ：メス8〜10mm，オス6〜7mm
成体出現時期：夏〜秋
分布：北海道・本州・四国・九州

頭胸部は褐色で中央に暗褐色の模様が入る。腹部の中央に赤く縁取られた「i」の形をした黄斑がある。山地の林道や渓流沿いの樹木に生息する。幼体は水平円網を張るが，成体になると網を張らず，樹の葉の間に引いた数本の糸で獲物を待ち，近くを通る昆虫を捕食する。

| アシナガグモ科　Tetragnathidae　★★ |

メガネドヨウグモ
Metleucauge yunohamensis

メス

オス

黒い模様の中に3つの斑紋

メス外雌器

オス触肢

類 **タニマノドヨウグモ**
（メス）体が大きい

大きさ：メス8〜11mm, オス5〜7mm
成体出現時期：春〜夏
分布：北海道・本州・四国・九州

頭胸部の黒い模様の中に3つの小斑点があり，それが眼鏡のように見える。平地から山地まで広く分布し，水路や小川に水平円網を張る。類似種のタニマノドヨウグモは本種より大きく，頭胸部のめがね状の斑紋がない。またタニマノ〜が山地の渓流に多いのに対して，本種はコンクリート水路など人工的な環境でも見られる。

| アシナガグモ科　Tetragnathidae | ★★ |

ウロコアシナガグモ
Tetragnatha squamata

メス

赤い斑紋

オス

メス左上顎腹面

オス左上顎腹面
エゾ：歯が大きい　　ウロコ：歯が小さい

類 **エゾアシナガグモ**（メス）

オス触肢

大きさ：メス5〜8mm，オス4〜6mm
成体出現時期：春〜夏　　**分布**：日本全土

全身緑色で，腹部は鱗で覆われたような模様で，中央に赤い斑紋が入ることもある。上顎と牙はメスよりもオスのほうが長い。樹木やつる植物などの葉の裏に潜み，夜は葉の裏に小さな水平円網を張る。類似種にエゾアシナガグモがいるが，メスの識別は難しく，オスの交尾器や上顎の形による識別が必要。

| アシナガグモ科　Tetragnathidae | ★★★ |

トガリアシナガグモ
Tetragnatha caudicula

腹部先端が
とがる

メス

オス

交接の様子。
牙をかみ合わせて行う

メス左上顎腹面

オス触肢

大きさ：メス8〜15mm, オス6〜11mm
成体出現時期：夏
分布：北海道, 本州, 四国, 九州

体は全体に黄色っぽく, 腹部の後端がとがる。平地に多いクモで, 水田やその周辺の草むらの草の間に円網を張る。アシナガグモの仲間は水平に近い網を張ることが多いが, 本種の網の角度はさまざまで, 水平から垂直に近いものまである。特徴的な色や形から同属他種とは容易に識別できる。

| アシナガグモ科　Tetragnathidae | ★ |

アシナガグモ
Tetragnatha praedonia

メス

オス

メス：腹部が隆起する

オス：腹部が隆起する

でっぱる
コブ状の歯

メス左上顎腹面

類似種との識別点

アシナガ：明暗が不明瞭

ヤサガタ：腹面と背面の明暗が明瞭

オス触肢

大きさ：メス8〜14mm, オス 5〜12mm
成体出現時期：夏〜秋　**分布**：日本全土

歩脚が長く, 腹部も細長い。上顎が雌雄ともに長く発達する。平地から山地にかけて生息し, 草地, 水路, 都市部, 農地などさまざまな環境で見られる。ヤサガタアシナガグモに似るが, 腹部背面の前方が盛り上がること, 腹部の腹面に1対の黄色い縦条があることで識別できる。

| アシナガグモ科　Tetragnathidae | ★ |

ヤサガタアシナガグモ
Tetragnatha keyserlingi

メス

メス：腹部は扁平

オス：腹部は扁平

大きな歯

メス左上顎腹面

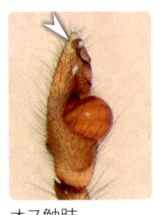

オス

オス触肢

大きさ：メス 7〜13mm，オス4〜10mm
成体出現時期：春〜秋　**分布**：日本全土

腹部腹面は一様に黒く，横から見ると背側と腹側の色の明暗が明瞭。腹部背面は盛り上がらず全体的に扁平。市街地の庭園，公園の池や水辺，水田，林道，渓流上などさまざまな環境で見られるが，水辺を好む傾向がある。

コガネグモ科　Araneidae	★

ジョロウグモ
Trichonephila clavata

黄色と水色の
しま模様

メス

メス腹部の赤い模様

メスの網に同居するオス（矢印）

オス

メス外雌器

大きさ：メス20〜30mm, オス6〜10mm
成体出現時期：秋
分布：日本全土

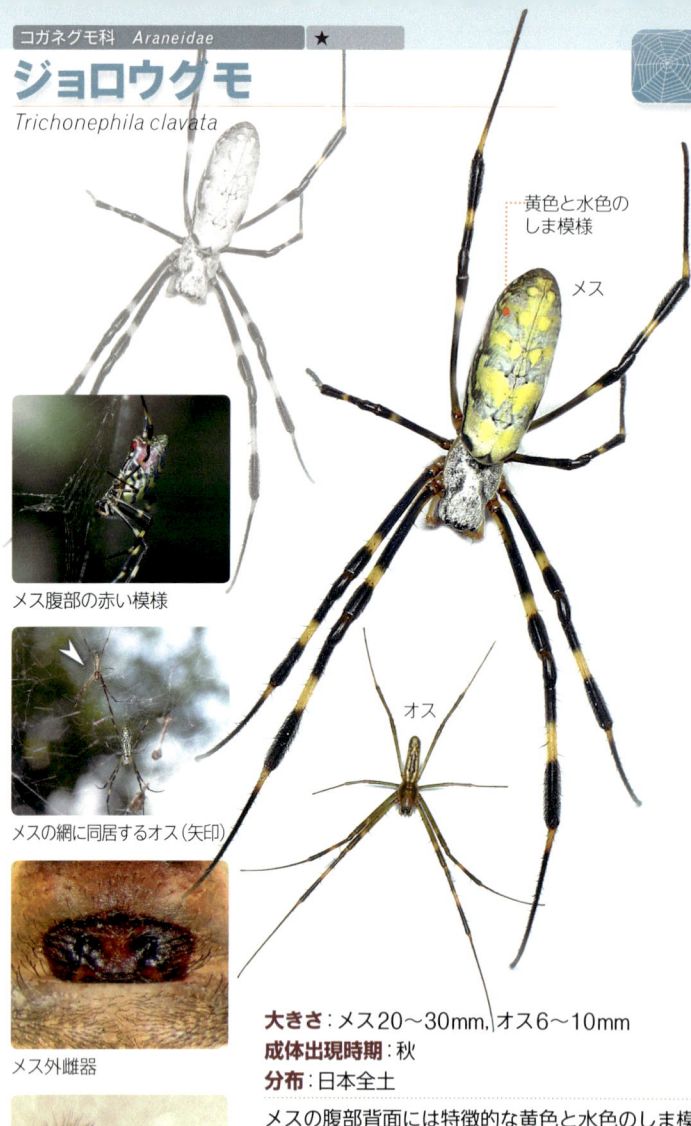

オス触肢

メスの腹部背面には特徴的な黄色と水色のしま模様があり, 腹面には目立つ赤い模様がある。オスはメスに比べて小さく地味。山地から平地の林や人家, 公園などさまざまな環境で見られる。垂直円網とその前後に張られた立体的な網で構成された巨大な網を張る。横糸の間隔は狭く, 縦糸も途中から2つに分岐するため, 網の目は非常に細かい。

| コガネグモ科　Araneidae | ★★★ |

ハツリグモ
Acusilas coccineus

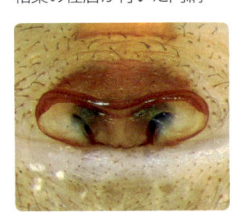

腹部は四角い

メス

枯葉の住居が付いた円網

メス外雌器

オス触肢

オス

大きさ：メス8～10mm, オス5～6mm
成体出現時期：春～夏
分布域：本州・四国・九州・南西諸島

全身赤褐色。腹部の形は四角形に近い。主に低地の森林や社寺林など暗い環境で見られ、地面すれすれの低い場所に垂直円網を張る。名前の通り、円網の中央に枯葉をつり、クモはその中に潜む。枯葉の大きさの割にクモは大きい。

| コガネグモ科　*Araneidae* | ★★★ |

イシサワオニグモ
Araneus ishisawai

メス

オス

メス外雌器

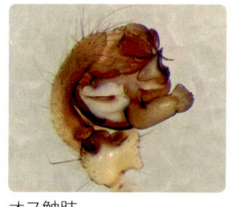

オス触肢

大きさ：メス18〜20mm, オス7〜12mm
成体出現時期：夏〜秋
分布：北海道・本州・四国・九州

腹部は明るい褐色で白色の条や斑紋があり, 前半部には1対の突起が見られる。雌雄ともに歩脚には褐色のしま模様が入る。山地に生息し, 林道や林縁, 草の間といった比較的低い場所に大形の円網を張る。北海道では平地でも見られる。同属に似た模様をもつ種はいないため, 識別は容易である。

コガネグモ科　*Araneidae*　★★★
アオオニグモ
Aoaraneus pentagrammicus

1対の青い斑紋

メス

オス

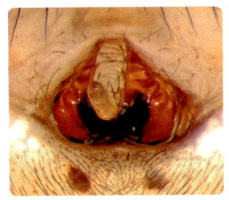

受信糸付きの円網。矢印の先に住居

住居に隠れるメス

メス外雌器

オス触肢

●似た網を作るクモ
ビジョオニグモ
夏〜秋に出現。これまで海外の別種と間違われていて、2021年に新種（*Bijoaraneus komachi*）として記載

大きさ：メス　9〜11mm, オス　5〜6mm
成体出現時期：春〜夏
分布：本州・四国・九州

歩脚と腹部腹面は美しい緑色で、腹部背面は青白い。山地から都市部の公園まで幅広く見られる。網の糸が金色に見えるが、クモは網の中心にはおらず、網のかたわらに葉を丸めた住居を作り、その中に潜む。円網の中心部から住居まで受信糸が伸びており、その振動を頼りに獲物を捕える。オスの出現期間は春先のみで短い。

コガネグモ科　*Araneidae* ★★

オニグモ
Araneus ventricosus

腹部前端の左右(肩)に発達した突起

メス

住宅地に張られた円網

メス外雌器

カギ状の突起

オス

オス触肢

大きさ：メス20〜30mm, オス15〜20mm
成体出現時期：夏〜秋
分布：日本全土

黒褐色から茶褐色, 緑色味があるものまで体色はさまざま。腹部後方には波状の模様がある。オスはメスよりも小さく, 第2脚にカギ状の突起をもつ。人家や神社, 山林などさまざまな環境で見られる。主に夜に網を張り, 昼は網をたたんで物陰に潜むが, 稀に昼でも網を張ることもある。色彩斑紋が異なるヤエンオニグモというよく似た種がいるので識別には注意。

コガネグモ科　*Araneidae*　★★
ムツボシオニグモ
Araniella yaginumai

メス

歩脚にしま模様

オス

メス外雌器

オス触肢

大きさ：メス5〜8mm, オス4〜6mm
成体出現時期：夏
分布：北海道・本州・四国・九州

メスの頭胸部は明るい褐色で腹部は黄色。腹部上面に通常3対の黒点があるが, 数には変異がある。オスの頭胸部は黒く縁取られており, 脚にしま模様がある。山ろくから山地に生息し, 広葉樹の葉の表面や裏面, または枝先に小さな円網を張る

| コガネグモ科　*Araneidae* | ★★ |

コガネグモ
Argiope amoena
※ほぼ原寸大

黄色と黒の しま模様

メス

模様が不明瞭

オス

獲物を捕らえたメス

メス外雌器

オス触肢

大きさ：メス20〜30mm，オス5〜7mm
成体出現時期：夏
分布：本州・四国・九州・南西諸島

メスの腹部は黄色と黒のしま模様。オスは体が小さく，体色も地味である。平地の草むらに生息し，丈の高い植物の間に垂直円網を張る。X字型やその一部を省略した隠れ帯を網に付ける。類似種とは腹部のしま模様のパターンや体の大きさの違いで識別できる。

| コガネグモ科　*Araneidae* | ★★★★ |

チュウガタコガネグモ
Argiope boesenbergi

黄色のしまが途切れる

メス

オス

メス外雌器

オス触肢

大きさ：メス15〜18mm, オス5〜6mm
成体出現時期：夏
分布：本州・四国・九州

メスの腹部は黄色と黒のしま模様だが，黄色のしま模様が黒色部で分断される。山地から平地の草地で見られ，草の間の低い位置に垂直円網を張り，その中心に止まる。コガネグモと同じように網にX字状の隠れ帯を付ける。腹部の模様の違いで，同属他種との識別は容易。個体数は多くない。

コラム Column : 2

クモが織りなす不思議なアート「隠れ帯」

　ウズグモやコガネグモなどの円網グモの中には、隠れ帯（かくれおび）という糸でできた装飾物を網上に作るものがいます。その模様は、Xの形や渦巻きなど幾何学的な形をしており、芸術的です。一体何のために作られるのでしょう？

　隠れ帯の機能については、直射日光を遮ることで体温の上昇を抑える役割や、鳥に網が壊されないように網の存在をアピールする役割など諸説あります。その中で最も支持されているのが、獲物となる昆虫を網におびき寄せ、網にかかる獲物の量を増やすという機能です。隠れ帯は太陽光を受けて紫外線をよく反射するため、紫外線に誘引される性質がある一部の昆虫が網に引き寄せられると考えられています。実際、隠れ帯をつけた網とそうでない網の捕獲数を比べると、隠れ帯がついた網のほうにより多く昆虫が捕獲されることがわかっています[※1]。

　獲物の獲得に役立つ隠れ帯ですが、同種のクモでもすべての個体の網にいつでもあるわけではありません。これは隠れ帯を作ることで獲物だけでなく、クモを専門に食べるハチやクモ等の捕食者までおびき寄せるおそれがあるためです。実際、隠れ帯のついた網にいるクモは、ついていない網のクモに比べて、捕食者に狙われやすいことがわかっています[※2]。

　隠れ帯の役割はだいぶわかってきましたが、その一方で、あるコガネグモの仲間では、隠れ帯のある網のほうが獲物の捕獲数が少なく[※3]、むしろ捕食者から身を守るという別の役割を支持する結果も得られています。隠れ帯の役割は1つだけではなく、クモの種、あるいは生息する環境によって異なるのかもしれません。

さまざまな形の隠れ帯。左からチュウガタコガネグモ、ヤエヤマウズグモ、ミヤコウズグモ

※1 Herberstein, M. E. (ed) 2011 Spider Behaviour pp.57-98.
※2 Seah, W. K. & Li, D. 2001 Proc. Roy. Soc. B 268:1553-1558.
※3 Blackledge, T. A. & Wenzel, J. W. 1999 Behav. Ecol. 10: 372-376.

| コガネグモ科　*Araneidae* | ★★ |

コガタコガネグモ
Argiope minuta

しま模様に赤色味

メス

オス

メス外雌器

オス触肢

類 ムシバミコガネグモ
（メス）太平洋側に分布。

大きさ：メス6〜12mm, オス4〜5mm
成体出現時期：秋
分布：本州・四国・九州・南西諸島

腹部のしま模様に赤色味がある。幼体期は全身が白っぽい。平地から山地まで生息し, 林縁などの薄暗い環境を好む。樹幹や木の枝の間に円網を張る。網の上の隠れ帯は, 幼体では円盤状だが, 成長と共にX字状の隠れ帯を作るようになる。警戒心が強く, 危険を察知すると網から糸を引いて地面に落ちる。

49

コガネグモ科 *Araneidae* ★

ナガコガネグモ
Argiope bruennichi

腹部が長い
黒いしまが多い

メス

隠れ帯の形の変化。
左:幼体 / 右:成体

メス外雌器

オス触肢

模様が不明瞭

オス

大きさ：メス20〜25mm, オス6〜12mm
成体出現時期：夏〜秋　**分布**：日本全土

メスは大形で腹部に黄色と黒色のしま模様をもつ。オスは体が小さく，模様も不明瞭。幼体は全体的に白色味がある。平地から山地まで広く生息し，水田やその周辺の草地，水路や河原など開けた環境で見られる。草の間の低い位置に網を張り，バッタなどの大形昆虫を捕らえる。隠れ帯の形は成長に伴って楕円形から直線型に変化する。

| コガネグモ科　*Araneidae* | ★ |

ゴミグモ
Cyclosa octotuberculata

突起がたくさんある

メス

全体に黒っぽい

オス

ゴミリボンと卵のう
- 本体
- 卵のう

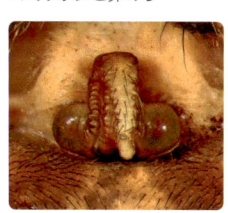

メス外雌器

オス触肢

大きさ：メス10〜15mm，オス8〜10mm
成体出現時期：春〜夏
分布：本州・四国・九州

腹部の前半に1対，後半に6つの突起がある。オスはメスよりも黒っぽい。円網を作り，網の中央部に「ゴミリボン」と言われる食べカスや脱皮殻を集めたゴミの塊を付着させ，その中に潜む。これには捕食者の攻撃からのおとりとなる機能があると考えられている。本種は卵のうもこのゴミリボンに連ねて産む。

コガネグモ科　*Araneidae*　★★

ギンメッキゴミグモ
Cyclosa argenteoalba

銀白色

メス

黒色型のメス

オス

メス外雌器

オス触肢

類 ギンナガゴミグモ
（メス）腹部が長い

大きさ：メス4〜7mm, オス3〜4mm
成体出現時期：春, 夏（年2回発生）
分布：本州・四国・九州

腹部が通常銀色だが，黒色型もいる。山地から平地にかけて生息し，林縁や林内の薄暗い環境で樹の間に円網を張る。一般的に網を張るクモは頭を下に向けて止まるが，本種は頭を上に向ける。ゴミリボンで網を装飾することはなく，幼体期に隠れ帯を作る。類似種にギンナガゴミグモがいるが，本種に比べて腹部が長く，網も低い位置に張る。

| コガネグモ科　*Araneidae* | ★★★ |

ヤマトゴミグモ
Cyclosa japonica

暗褐色や銀色の斑紋

メス

腹部後端がとがるものもいる（メス）

オス

メス外雌器

オス触肢

大きさ：メス4〜7mm, オス4〜5mm
成体出現時期：夏
分布：北海道・本州・四国・九州

腹部背面は明るい褐色で銀色や暗褐色の斑紋がある。腹部がやや寸詰まりだが，先端がとがる個体もいる。平地から山地にかけて生息し，樹林地や公園などの樹木の間に垂直円網を張り，縦から横までさまざまな角度を向いて止まる。シマゴミグモやミナミノシマゴミグモに似るため，識別には交尾器を見る必要がある。

| コガネグモ科　Araneidae | ★★ |

ヨツデゴミグモ
Cyclosa sedeculata

腹部後端に4つの突起

メス

オス

ゴミリボンと卵のう
- 卵のう
- 卵のう
- 本体

メス外雌器

オス触肢

類 ヤマトカナエグモ
（オス）頭部が丸い。
網を張らない

大きさ：メス4〜6mm, オス4mm前後
成体出現時期：春〜夏
分布 本州, 四国, 九州

頭胸部は黒色で腹部後端に4つの突起がある。林内や林縁などの薄暗い場所に生息し, 樹木や生垣に網を張る。本種もゴミグモ(p.51)と同じく網の中央部にゴミリボンを作ってその中に潜む。幼体はゴミリボンを作らず, らせん状の隠れ帯を付ける。ヤマトカナエグモに似るが, 本種は網を張ること, 頭部が隆起しないことで識別できる。

コラム Column:3

トリノフンダマシは ガがお好き

横糸上に見える巨大な粘球

　トリノフンダマシ（以下，トリフン）はその名前の通り，鳥の糞に似た模様をもつものから，テントウムシのような斑点模様をもつものまで，変わった外見をしています。奇抜さは見た目だけではありません。ガを専門に食べるというユニークな習性をもちます[※1]。通常ガはクモにとって捕えにくい獲物の1つです。なぜなら，ガはたとえクモの網にかかっても翅から鱗粉がはがれることで，網から脱出できるからです。では，どうやって捕まえるのでしょうか？

　その秘密はユニークな網の性質にあります。1つは巨大な粘球です。トリフンの円網の横糸につく粘着物質の大きさは，通常の円網グモに比べてとても大きく，強力な粘着力をもちます[※2]。そのため，鱗粉をもつガであっても，一度糸に触れると容易に逃げられません。もう1つは特殊な網の構造です。トリフンの網は通常のクモよりも横糸の目が粗く，一見スカスカで心許ない感じです。しかし，粘着力のある横糸は縦糸から外れやすい構造になっているため，ガが横糸に触れた瞬間，糸が外れてガは宙吊りになります。横糸は伸縮性にも富むため，ガはいくらもがいても逃げられません。

　ガへの特殊化は，トリフンのそのほかの行動も変えています。通常，クモは日没後や日の出ごろなど決まった時間に網を張りますが，トリフンの造網時間は決まっておらず，湿度が高くなると網を張りはじめるのです[※3]。トリフンの作る巨大な粘球は，湿度の高い状態でないと粘着力を保てず，湿度が下がるとたちまちその粘着力が失われるからです。このような粘球の性質は今のところトリフンの仲間でしか知られていません。何から何まで型破りなトリノフンダマシ，ぜひ野外で見つけてみてください。

トリフン特有の同心円状の円網

※1 Miyashita, T. et al. 2001 Acta Arachnol. 50:1-4.
※2 Cartan, K. et al. 2000 Biol. J. Linn. Soc. 71:219-235.
※3 Baba, Y. G. et al. 2014 Naturwissenschaften 101:587-593.

| コガネグモ科　Araneidae | ★★★ |

トリノフンダマシ
Cyrtarachne bufo

目玉のような褐色斑

メス

卵のう

昼に葉の裏で休むメス

メス外雌器

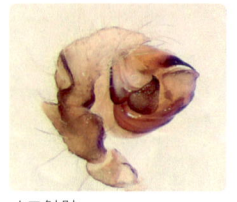

オス

オス触肢

大きさ：メス8〜10mm, オス1.0〜2.5mm
成体出現時期：夏〜秋
分布：本州・四国・九州

メスは頭部が暗色で腹部は全体的に白っぽく、前方は暗い。腹部前端の左右（肩）に円形の褐色斑がある。一方、オスは小さく地味。平地の湿った草むらに生息する。表面にしわのある袋状の卵のうを数個連ねて作る。その特徴的な外観からメスの識別は容易だが、オスは類似種と似ており、識別には交尾器を見る必要がある。

| コガネグモ科　*Araneidae* | ★★★ |

オオトリノフンダマシ
Cyrtarachne akirai

目玉模様

メス

卵のう

昼に葉の裏で休むメス

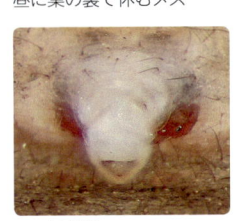

メス外雌器

オス触肢

オス

大きさ：メス 10〜13mm, オス 2.0〜2.5mm
成体出現時期：夏〜秋
分布：北海道・本州・四国・九州

メスは腹部背面に目玉のような特徴的な模様をもつ。山地から平地にかけての草むらや林縁に生息。本種はこれまで海外に分布する*C. inaequalis*とされてきたが，別種であることが最近わかった。また本種は沖縄地方にも分布するとされてきたが，それも交尾器の形状が異なる別種（マギイトリノフンダマシ*C. jucunda*）であることがわかった。

| コガネグモ科　Araneidae | ★★ |

シロオビトリノフンダマシ
Cyrtarachne nagasakiensis

白い横帯

メス

黒色変異のメス

同心円状の円網

卵のう

オス

メス外雌器

オス触肢

大きさ：メス5〜8mm, オス1.0〜2.0mm
成体出現時期：夏〜秋
分布：本州・四国・九州・南西諸島

メスは腹部前縁に白い横帯があり，中央は濃い褐色で後部は明るい褐色。色彩変異の中の1つに全身が黒いタイプがあり，以前は別種と考えられていた。オスはメスに比べて小さく地味である。里山の林縁や草地に生息する。この属の中では比較的個体数が多い。

| コガネグモ科　Araneidae | ★★★★ |

アカイロトリノフンダマシ

Cyrtarachne yunoharuensis

テントウムシのような白斑

メス

葉の裏で休む褐色型のメス

円網

卵のう

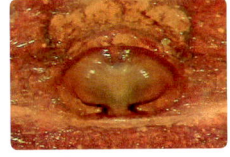

オス

メス外雌器

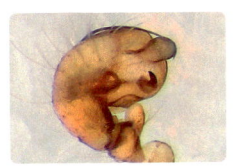

オス触肢

大きさ：メス5〜7mm, オス1.5〜2.0mm
成体出現時期：夏
分布：本州（関東以南）・四国・九州

メスの背甲は赤褐色で，腹部は地色が赤褐色で多数の白斑と1対の黒斑がある。色彩変異があり，地色が褐色のものや，地色が黒色で腹部後方が赤色味を帯びるものがいる。オスは体が小さく色も地味。里山から山地に生息し，昼は草や樹木の葉の裏で静止する。同属他種に比べて個体数は少ない。

| コガネグモ科　*Araneidae* | ★★ |

シロスジショウジョウグモ
Hypsosinga sanguinea

メス
(黒点型)

オス
(シロスジ型)

メス外雌器

オス触肢

大きさ：メス3〜5mm, オス3mm
成体出現時期：夏
分布：日本全土

腹部の1対の黒斑が特徴的だが, 模様には変異があり, 褐色の地に白い縦条が入ったシロスジ型, 目立った斑紋のない黒色型・赤色型などさまざま。山地から平野まで分布し, 水田や林縁など多様な環境で見られる。草の間の低い位置に垂直円網を張る。

| コガネグモ科　Araneidae | ★★ |

コガネグモダマシ
Larinia argiopiformis

メス

黒斑のある個体

オス

メス外雌器

オス触肢

大きさ：メス7〜11mm, オス6〜7mm
成体出現時期：春〜秋
分布：日本全土

体は明るい褐色で，腹部中央の明るい縦条の両側に褐色の縦条が走る。色彩変異が多く，中央に黒条をもつ個体や，脚に黒斑がある個体もいる。平地から山地にかけての草地や河川敷に生息し，夜，草の間に垂直円網を張る。南西諸島には外見がよく似たネッタイコガネグモダマシやミナミコガネグモダマシが生息する。

| コガネグモ科　Araneidae | ★★ |

ナカムラオニグモ
Larinioides cornutus

暗褐色の模様

メス

イネの株の間に張られた円網

草の葉を丸めて休むメス

メス外雌器

オス触肢

オス

大きさ：メス9〜12mm, オス7〜9mm
成体出現時期：一年中
分布：北海道・本州・四国

腹部背面に特徴的な模様がある。腹部が白く, 斑紋とのコントラストが強い個体や, 全体的に薄黒い個体がいる。山地から平地にかけて分布し, 湿地や河川, 農業用水路に網を張る。円網の端は, 草を折って作られた住居と連結していることが多く, 昼はその中に潜む。北方系のクモで近畿より西は分布しない。

| コガネグモ科　*Araneidae* | ★ |

イエオニグモ
Neoscona nautica

メス

オス

メス外雌器

オス触肢

大きさ：メス8〜12mm, オス5〜7mm
成体出現時期：夏〜秋
分布：本州・四国・九州・南西諸島

体色は明るい褐色，もしくは暗灰色で地味。腹部に数対の斑紋があるが，模様の変異が多い。人家や高速道路のパーキングエリア，コンビニエンスストア，駅構内など人工的な環境で多く見られる。見た目や生息地はオニグモ(p.44)に似るが，腹部前端の左右に隆起はなく，背面が丸いことで識別できる。

| コガネグモ科　*Araneidae* | ★★ |

サツマノミダマシ
Neoscona scylloides

メス

オス

腹部は
背面・腹面ともに鮮やかな緑

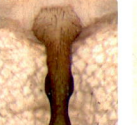

メス外雌器 　　オス触肢

大きさ：メス7〜11mm, オス8〜9mm
成体出現時期：夏
分布：本州・四国・九州・南西諸島

腹部が緑色の美麗なクモ。山地や平野に広く分布し, 夜, 林縁や生け垣等の樹の間に垂直円網を張る。和名は見た目がサツマ（ハゼの別称）の果実に似ていることに因む。ワキグロサツマノミダマシに似るが, 腹部腹面も緑色であることで識別できる。

| コガネグモ科　*Araneidae* | ★★ |

ワキグロサツマノミダマシ
Neoscona mellotteei

オス

メス

腹部の前部・腹面は褐色

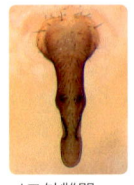

メス外雌器 　　オス触肢

大きさ：メス7〜10mm, オス6〜9mm
成体出現時期：夏〜秋
分布：本州・四国・九州・南西諸島

腹部背面は美しい緑色で腹面は褐色。稀に腹部背面の後端に黒い模様がある個体がいる。平地から山地に幅広く生息し, 樹林地や林道などで見られる。

レアグモを探せ!

コラム Column:4

滅多にお目にかかることのできないレア度5（★★★★★）のクモを紹介。

コケオニグモ
Araneus seminiger
大きさ：メス16〜22mm, オス12mm
本州〜南西諸島
全身緑色の美しいクモ。山地に生息。

ワクドツキジグモ
Pasilobus hupingensis
大きさ：メス8〜10mm, オス2.5mm
本州〜南西諸島
体色は鳥の糞のよう。三角形の網を張る。

ムツトゲイセキグモ
Ordgarius sexspinosus
大きさ：メス7〜11mm, オス2mm
本州〜九州
「投げ縄」を使ってガを捕える。

マメイタイセキグモ
Ordgarius hobsoni
大きさ：メス6〜7mm, オス2mm
本州〜南西諸島
習性はムツトゲイセキグモに似る。

サカグチトリノフンダマシ
Paraplectana sakaguchii
大きさ：メス7〜9mm, オス2mm
本州〜九州
テントウムシのような模様をもつ。

ツシマトリノフンダマシ
Paraplectana tsushimensis
大きさ：メス7〜9mm, オス3mm
本州〜南西諸島
テントウムシのような模様をもつ。

| コガネグモ科　Araneidae | ★ |

ヤマシロオニグモ
Neoscona scylla

数対の黒い斑紋

メス

オス

後黒

無紋

背白

メス外雌器

オス触肢

大きさ：メス9〜16mm, オス7〜12mm
成体出現時期：夏〜秋
分布：日本全土

全身茶褐色の地に数対の黒斑のあるタイプのほか, 腹部背面に白い模様がある「背白型」, 腹部後端に黒い斑紋のある「後黒型」など, 一見同種とは思えないほど著しい色彩変異がある。平地の樹林地で見られ, 夕刻になると林縁部に大きな円網を張る。春先に見られる幼体は昼から網を張ることがある。

| コガネグモ科　*Araneidae* | ★★ |

コゲチャオニグモ
Neoscona punctigera

腹部は茶色

メス

円網

メス外雌器

オス

オス触肢

大きさ：メス9～16mm, オス7～9mm
成体出現時期：春～夏
分布：本州・四国・九州・南西諸島

体は茶色で無紋のものから，模様が入ったものまで変異に富む。夜行性で里山に多く，夕方に林縁の樹の間に垂直円網を張る。幼体のころはつる植物などの葉の間に網を張る。同じ環境にヤマシロオニグモ（p.66）やサツマノミダマシ（p.64）など同属他種がいるが，色や模様の違いで識別できる。

| コガネグモ科　*Araneidae* | ★★ |

ドヨウオニグモ
Neoscona adianta

数対の黒斑が並ぶ

メス

オス

イネを折りたたんで作った住居

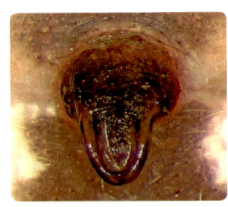

メス外雌器

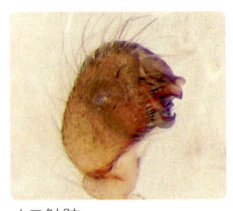

オス触肢

大きさ：メス6〜10mm, オス4〜6mm
成体出現時期：夏〜秋
分布：北海道・本州・四国・九州

腹部は黄色で，縦に並んだ数対の斑紋がある。体色や斑紋は変異に富み，赤色味のある個体も見られる。網の角度も斜めに傾いたものから，水平なものまである。平地の開けた草地や畦，水田内で多く，網の端にイネ科の植物を折りたたんだ住居があり，その中に潜むこともある。

コガネグモ科　*Araneidae*　★

ズグロオニグモ
Yaginumia sia

葉状の暗褐色斑

メス

オス

メス外雌器

オス触肢

大きさ：メス7〜13mm, オス7〜10mm
成体出現時期：夏〜秋
分布：北海道・本州・四国・九州

腹部の中央に縁がギザギザした暗褐色の葉状斑がある。都市部など人工的な環境に生息し、コンビニエンスストアの周りや橋の欄干、電話ボックスなどに円網を張る。網の一端に袋状の住居を設け、昼はその中に潜むことが多い。生息地の特徴はイエオニグモ（p.63）によく似る。

69

| コガネグモ科　*Araneidae* | ★★ |

サガオニグモ
Plebs astridae

腹部前端(肩)の突起が目立つ

メス

オス

色彩変異

メス外雌器

オス触肢

大きさ：メス6〜10mm, オス4〜5mm
成体出現時期：春〜夏
分布：本州・四国・九州・南西諸島

頭胸部は明るい褐色で, 腹部背面は褐色, 黒色, 白色が混ざった複雑な斑紋がある。腹部前縁に1対の突起がある。色彩変異があり, 腹部に模様がないものや地衣類のような緑色の模様が入るものもいる。主に山ろくから山地にかけて生息し, 樹の間に垂直円網を張る。直線型の隠れ帯を作ることがある。

| コガネグモ科　*Araneidae* | ★★ |

カラフトオニグモ
Plebs sachalinesis

腹部前縁がまっすぐ

メス

オス

色彩変異

メス外雌器

オス触肢

大きさ：メス5〜9mm, オス4〜5mm
成体出現時期：春〜夏
分布：北海道・本州・四国・九州

頭胸部は褐色，腹部は五角形で緑褐色の地に複雑な模様が入る。色彩変異があり，腹部背面に白条があるもの（シロスジ型），黒地に黄色斑が入るもの（キマダラ型）など，バリエーションに富む。山ろくから山地に多く，樹の間に垂直円網を張る。直線型の隠れ帯を作ることがある。

| コモリグモ科　*Lycosidae* | ★ |

ウヅキコモリグモ
Pardosa astrigera

卵のう

メス

縦条の線がくびれる

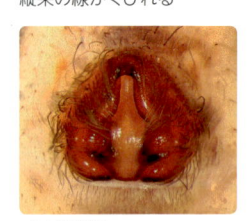

メス外雌器

オス

オス触肢

大きさ：メス6〜10mm, オス5〜9mm
成体出現時期：春〜秋
分布：北海道・本州・四国・九州

体は褐色で地味。平地から山地まで広く見られ、畑や水田の畔, 河川敷の開けた草地の地面など, 比較的乾燥した場所で見られる。同属のハリゲコモリグモの仲間に似るが, 頭胸部の中央部にある白い縦条模様がくびれていることで識別できる。

| コモリグモ科 | *Lycosidae* | ★★ |

イナダハリゲコモリグモ
Pardosa agraria

縦条はくびれない

メス

触肢は黒い

オス

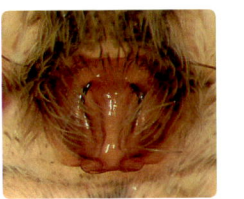

脚は黄褐色

メス外雌器

オス触肢

類 ハリゲコモリグモ
(オス)第1脚は白くて先のほうに黒点

大きさ：メス5〜8mm, オス3〜5mm
成体出現時期：春〜夏
分布：北海道・本州・四国・九州

頭胸部の両側が黒く縁取られ，腹部に数対の黒条がある。平地から山地にかけて生息し，畑や水田の畦の地表を徘徊する。同属にハリゲコモリグモ，ハタハリゲコモリグモなど外見の似た種が多く，メスは交尾器でも識別が難しいが，オスは触肢の部分に白い毛がないこと，脚にしま模様がなく黄褐色であることで識別できる。

| コモリグモ科　*Lycosidae* | ★ |

キクヅキコモリグモ
Pardosa pseudoannulata

メス

触肢の白い毛と
先端の黒色が目立つ

オス

黒色の縦条

卵のうを
持つ個体

幼体を
背負う個体

メス外雌器

●生息環境が似た種
キバラコモリグモ
（メス）腹部に白い斑紋

オス触肢

大きさ：メス7〜12mm, オス6〜8mm
成体出現時期：春〜秋　**分布**：日本全土

体は明るい褐色，または灰褐色。背甲に茶褐色の幅広い模様があり，中央に黒色の縦条がある。雄は触肢中央の白い毛と先端の黒色が目立つ。水田や休耕田，湿度の高い草地に生息する。年に2回（一部では3回）発生する。ほかのコモリグモとは頭胸部の模様の違いで容易に識別できる。

| キシダグモ科　Pisauridae | ★★ |

アオグロハシリグモ
Dolomedes raptor
※ほぼ原寸大

脚や体に白い斑点

メス

白く縁取られる

オス

色彩変異
斑紋のない個体

メス外雌器

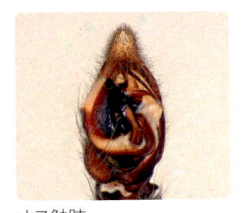

オス触肢

大きさ：メス22〜27mm、オス12〜15mm
成体出現時期：夏〜秋
分布：北海道・本州・四国・九州

メスは全体的に暗い色で、腹部に白い斑点が散らばるものもいる。オスはメスより小さく、頭胸部の両側が白く縁取られる。農地の用水路から山地の渓流まで、水辺、特に流水域に広く生息する。夜に活動し、昼は川辺の石の間などに潜む。

| キシダグモ科　*Pisauridae* | ★ |

イオウイロハシリグモ
Dolomedes sulfreus
※ほぼ原寸大

近縁種に比べて脚が細く長い

メス

オス

色彩変異　スジボケ型　灰色型

オス
類 **スジボソハシリグモ**
歩脚は太短い。
水辺に多い
メス

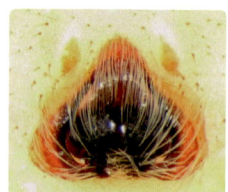

メス外雌器

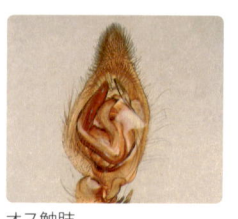

オス触肢

大きさ：メス12〜26mm, オス12〜18mm
成体出現時期：夏〜秋
分布：北海道, 本州, 四国, 九州

色彩変異が著しく、全身が黄色いもの、腹部に帯模様があるものなどさまざま。大形のクモだが、サイズのばらつきも大きい。生息地は幅広く、開けた草地から林縁、森林内にも生息する。産卵時には植物体の上に産室を作る。類似種にババハシリグモやスジボソハシリグモがいるが、これらの種は本種に比べて脚が短く、生息地も水辺に限定される。

| キシダグモ科　*Pisauridae* | ★★★ |

スジアカハシリグモ
Dolomedes silvicola

赤色味を帯びる

縦条の後方がくびれる

メス

オス

メス外雌器

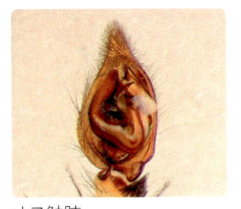

オス触肢

類 **スジブトハシリグモ**
（メス）歩脚は緑色味を帯びる

大きさ：メス11〜18mm, オス15〜16mm
成体出現時期：夏〜秋
分布：北海道・本州・四国・九州

頭胸部および腹部に赤褐色の縦条が入る。主に山地に生息し，森林内や崖地，渓流沿いの低木の上にいる。類似種のスジブトハシリグモに似るが，本種のほうが若干小さく，縦条の赤色味も強い。またスジブトハシリグモは水辺の地表面近くで獲物を待ち構えるのに対し，本種は低木や草の上で待ち構える。

| キシダグモ科　*Pisauridae* | ★★ |

アズマキシダグモ
Pisaura lama

頭胸部にまっすぐな条が走る

メス

オス

メス外雌器

オス触肢

色彩変異　ヤマジ型　タテスジ型

大きさ：メス8〜12mm，オス8〜12mm
成体出現時期：春〜夏
分布：北海道・本州・四国・九州

タテスジ型，キスジ型，ヤマジ型，アズマ型など色彩や斑紋の変異が著しい。求愛時にオスがメスに糸で包んだ獲物を渡すという「婚姻贈呈」の習性をもつ。里山の雑木林や林道，川辺の草の間などさまざまな場所に生息する。休息時に葉の上などで，第1脚と2脚を揃えて静止する。

| ササグモ科　*Oxyopidae* | ★ |

ササグモ
Oxyopes sertatus

歩脚にトゲがある

メス

オス

メス外雌器

オス触肢

類 **シマササグモ**（メス）

大きさ：メス8〜11mm，オス7〜9mm
成体出現時期：夏
分布：日本全土

腹部中央に明るい条があり，その中に褐色の模様がある。歩脚には長いトゲが生える。山地から平地にかけての草むらに生息し，日中に草の上で獲物を待ち構える。類似種のシマササグモとクリチャササグモとは模様や体色で容易に識別できるが，コウライササグモとの識別には交尾器を見る必要がある。

| タナグモ科　*Agelenidae* | ★ | |

クサグモ
Agelena silvatica

（棚網）

メス

オス

卵のう

トンネル状の住居の奥に逃げ道がある（矢印）

メス外雌器

オス触肢

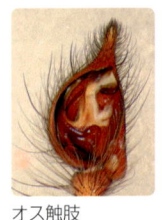

大きさ：メス14〜17mm, オス12〜14mm
成体出現時期：夏〜秋　**分布**：日本全土

幼体は頭胸部の色が赤く，腹部が光沢のある黒色だが，成長と共に全体が茶色になる。都市部から山地にまで広く分布し，林縁や生垣などにシート状の網と，不規則な網が組み合わさった棚網を作る。ふだんはシート網の上にあるトンネル状の住居に潜み，食事もその中で行う。卵のうは多角形の独特な形をしている。

タナグモ科　*Agelenidae*　★

コクサグモ
Allagelena opulenta

（棚網）

放射状に白い条が走る

メス

オス

メス外雌器

オス触肢

類似種との識別点

ヒメクサグモ：
両側のみ濃い

コクサグモ：
黒条が明瞭

大きさ：メス6〜12mm, オス6〜12mm
成体出現時期：夏〜秋
分布：北海道・本州・四国・九州

体色は淡い褐色。山地から平地まで分布する。クサグモ（p.80）とは同所的に見られ，林縁や森林内の低木の枝先に同様の棚網を張るが，本種は小さく，体色が淡いため識別は容易。また類似種のヒメクサグモは，腹部腹面の黒条が薄く，さらに植物の根元に棚網を張るなどの違いがある。

| ハグモ科　*Dictynidae* | ★★ | 他（ボロ網） |

ネコハグモ
Dictyna felis

メス

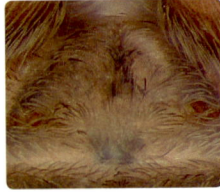

ボロ網

メス外雌器

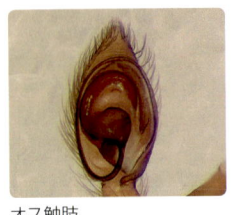

オス触肢

オス

大きさ：メス4〜5mm, オス3〜4mm
成体出現時期：夏〜秋
分布：北海道・本州・四国・九州

体は扁平で腹部背面に褐色斑がある。平地に多く，低木の葉の上や自動販売機，建造物の外壁などにテント状のボロ網をつくる。獲物の捕獲には粘着力のない梳糸（そし）という細かな糸を用い，そこに絡まった昆虫を捕食する。見た目でほとんど識別できない類似種（アシハグモ・カギハグモ）がいるため，正確な同定には交尾器を観察する必要がある。

クモFAQ Part.1

セアカゴケグモ *Latrodectus hasseltii*

黒地に赤い模様, 表面にツヤ

Q1. クモは毒をもっている?

　クモはほとんどの種が獲物となる節足動物を仕留めるための神経毒をもちます。しかし, 節足動物と脊椎動物では神経伝達物質が異なるため, 咬まれるときに物理的な痛みは伴うものの, ヒトの健康に深刻な害を及ぼす種はごく少数です[※1]。強い毒をもつ種として, 在来種ではカバキコマチグモ (p.84), 外来種ではセアカゴケグモが有名です。また, ウズグモの仲間は毒腺をもちません。

幼体は地色が淡く, 白い模様が入る

腹部に砂時計のような特徴的な模様

セアカゴケグモと間違われやすいクモ
ゴケグモ類特有の赤い模様がありません。

オオヒメグモ

マダラヒメグモ（外来種）

　近年, 在来のクモがセアカゴケグモと間違われて駆除されるケースも増えているようです。多くのクモは人間に直接的な危害を加えることはなく, むしろ自然界のバランスを保つ捕食者として大切な生き物です。しっかりと見分けられるようにしましょう。

Q2. クモは益虫? それとも害虫?

　クモは作物害虫および, 衛生害虫を食べる天敵として大切な役割を果たします。例えば屋内性のアシダカグモ (p.86) はゴキブリを食べます。また水田にすむキクヅキコモリグモ (p.74) やコサラグモ (p.17) は稲の害虫, ツマグロヨコバイの天敵として有名です[※2]。最近では, 造網性のアシナガグモ属のクモ (p.36-39) が, 斑点米の被害をもたらすカメムシ, アカスジカスミカメを食べていることが明らかにされています[※3]。これらのコモリグモやアシナガグモの仲間は農薬や化学肥料の少ない水田で数が増える傾向があり, 農地の環境のよさを計る「物差し」としても注目されてきています[※4]。

ゴキブリを捕食するアシダカグモ

水田の代表種 キクヅキコモリグモ

※1 Nentwig, W. (ed) 2013 Spider Ecophysiology pp. 253-264.
※2 Kiritani, K. et al. 1972 Res. Popul. Ecol.13:187-200.
※3 Kobayashi, T. et al. 2011 Basic Appl. Ecol. 12: 532-539.
※4 http://www.niaes.affrc.go.jp/techdoc/shihyo/

| コマチグモ科　*Eutichuridae* | ★★ |

カバキコマチグモ
Cheiracanthium japonicum

腹部は黄色・黄緑色

メス

橙黄色　オス

ちまき状の産室

メス外雌器

オス触肢

大きさ：メス10〜15mm, オス10〜15mm
成体出現時期：夏〜秋　**分布**：北海道・本州・四国・九州

頭は橙黄色か黄褐色で, 腹部は黄色か黄緑色。オスは脚が長く, 特に第1脚が長く, 体色が濃い。山地から平地にかけての草原に多く, イネ科の植物を折り曲げて住居を作る。ふだんの住居は植物を三角形に折りたたんだ形であるが, メスが産卵用につくる住居はちまき状である。子グモが母親を食べて育つ習性がある。強い毒をもつ。

| コマチグモ科　*Eutichuridae* | ★★ |

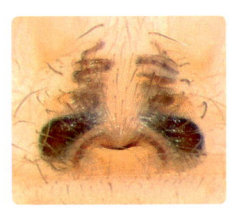

ヤマトコマチグモ
Cheiracanthium lascivum

褐色

メス

イネ科植物で作られた住居

メス外雌器

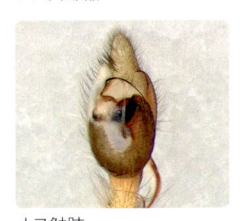

オス触肢

オス

大きさ：メス　9〜11mm, オス　8〜10mm
成体出現時期：夏
分布：北海道・本州・四国・九州

頭胸部は赤色味があり，腹部は褐色。オスのほうが体色が濃い。山地から平地にかけての湿地や草地で見られる。イネ科の植物の先端を折って住居や産室を作る。カバキコマチグモ (p.84) に似るが，本種のほうが小さく，体色も濃い。またカバキコマチグモは乾燥したススキ原で多いが，本種は湿った草地で多い。

85

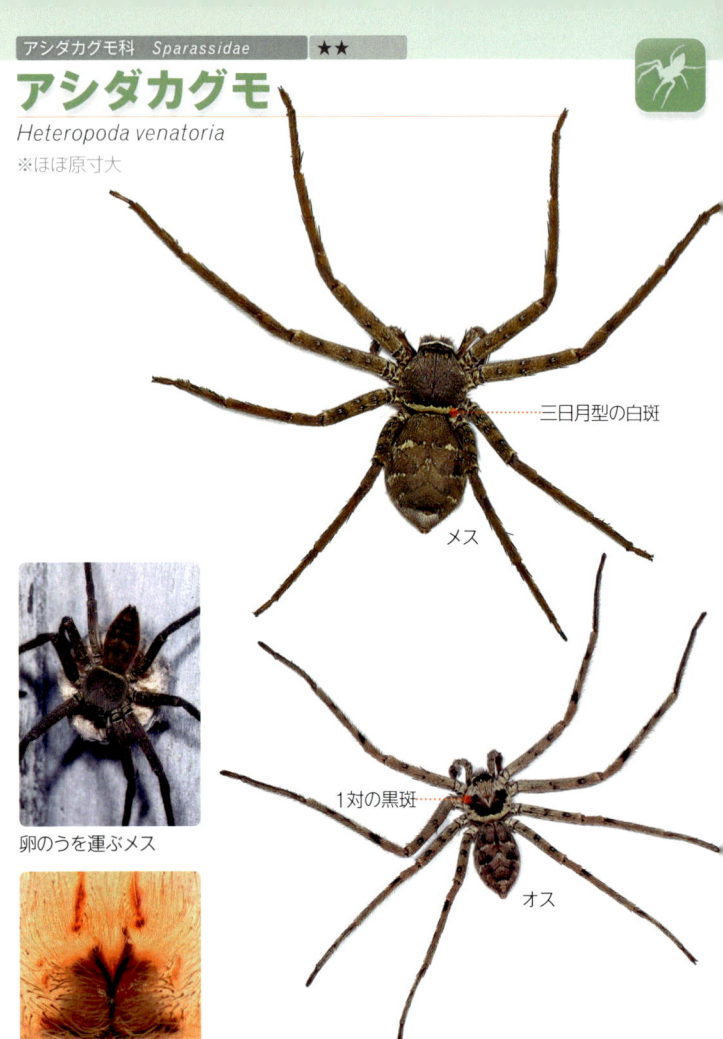

| アシダカグモ科　*Sparassidae* | ★★ |

アシダカグモ
Heteropoda venatoria
※ほぼ原寸大

……三日月型の白斑

メス

1対の黒斑……

オス

卵のうを運ぶメス

メス外雌器

オス触肢

大きさ：メス20〜30mm, オス10〜25mm
成体出現時期：一年中
分布：本州（関東以南）・四国・九州・南西諸島

メスは頭胸部後端に三日月型の白斑, オスは頭胸部後方に1対の黒斑をもつ。屋内性のクモで九州や南西諸島など暖かい地域に多い。夜に徘徊し, ゴキブリやハエなどの家屋性の昆虫を食べる。コアシダカグモに似るが, 本種のほうが成体は大きく, 額に目立つ白線がある（p.87参照）。

| アシダカグモ科　*Sparassidae* | ★★★ |

コアシダカグモ
Sinopoda forcipata
※ほぼ原寸大

メス

オス

類似種との識別点

アシダカグモ：
白い

コアシダカグモ：
白線はない

メス外雌器

オス触肢

大きさ：メス18〜25mm，オス15〜20mm
成体出現時期：夏〜秋　**分布**：本州・四国・九州

体色は茶褐色である。山地や平地の森林に生息し，林床の落ち葉の間や岩の間などで見られる。成体はアシダカグモ（p.86）より小さく，額に白線はない。また，アシダカグモは屋内性なのに対し，本種は主に屋外で見られる（ただし，東北地方では屋内でも見られる）。

エビグモ科 *Philodromidae* ★★

アサヒエビグモ
Philodromus subaureolus

メス

オス

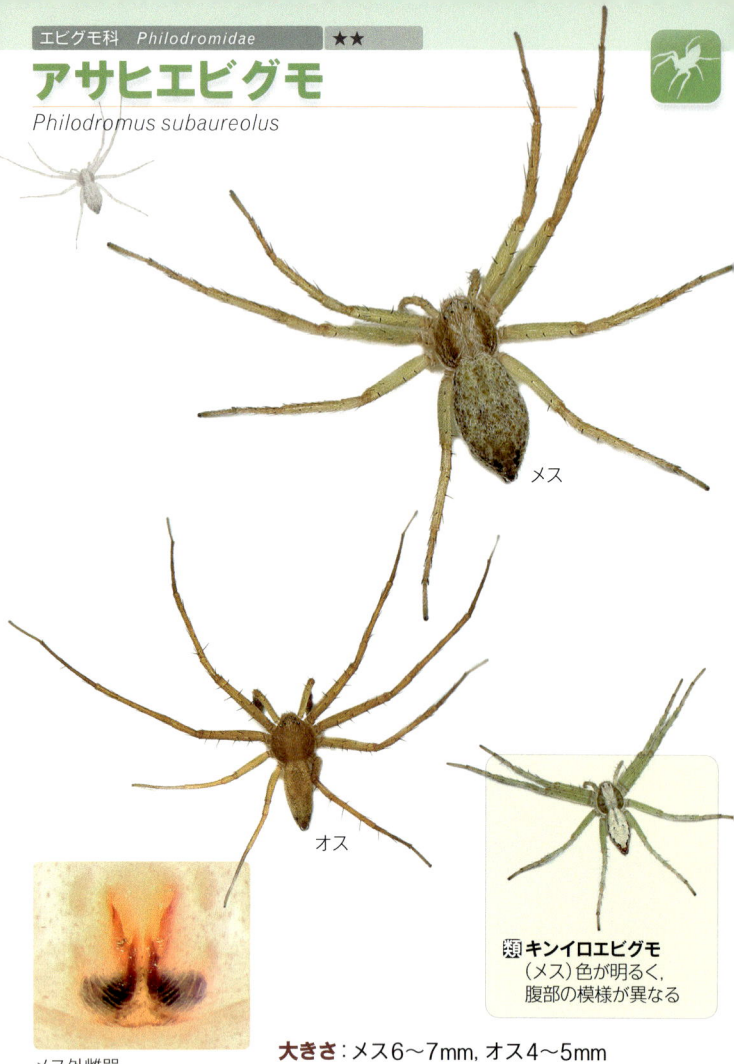

メス外雌器

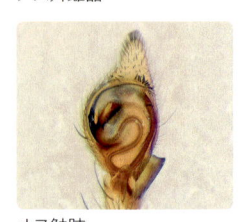

オス触肢

類 **キンイロエビグモ**
（メス）色が明るく，腹部の模様が異なる

大きさ：メス6〜7mm, オス4〜5mm
成体出現時期：夏
分布：日本全土

メスは頭胸部両端に暗色の縦条があり，オスの体色は黄褐色。平地から山地まで広く分布し，樹木の葉の上や草の間で見られる。動きは非常にすばやい。冬はケヤキなどの樹皮の下で越冬する。キンイロエビグモに似るが，腹部を縁取る模様が本種より明瞭。

| エビグモ科　*Philodromidae* | ★★ |

シャコグモ
Tibellus japonicus

頭胸部から腹部に黒条が走る

メス

オス

メス外雌器

オス触肢

類ヨシシャコグモ（メス）
体が細長い。湿地に生息

大きさ：メス5〜15mm，オス5〜15mm
成体出現時期：夏
分布：本州・四国・九州

体は全体的に白く，頭胸部や腹部に細い縦条が入る。平地の林縁や林内などの薄暗い環境に多く，樹木の幹や枝の上で獲物を待ち伏せる。コガネグモ科のコガネグモダマシ（p.61）にやや似るが，本種は徘徊性で，休息時に歩脚を伸ばすことで識別できる。類似種にスジシャコグモやヨシシャコグモがいる。

| カニグモ科　*Thomisidae* | ★ |

ハナグモ
Ebrechtella tricuspidata

メス

第1・2脚は長い

オス

色彩変異　　人面模様

無紋

メス外雌器

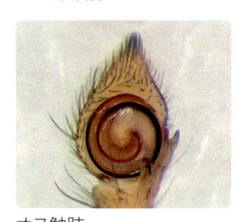

オス触肢

大きさ：メス5〜7mm，オス3〜5mm
成体出現時期：春〜秋
分布：日本全土

メスの頭胸部は薄い緑色。腹部は黄色味を帯び，茶色い模様が入るが，模様の変異は著しく，無紋のものもいる。オスは脚が長く，腹部は濃い緑色で黒い斑紋が入る。平地から山地の草むら，水田の畔などさまざまな環境で見られ，植物の茎や花で獲物を待ち伏せる。

| カニグモ科　*Thomisidae* | ★★ |

コハナグモ
Diaea subdola

緑色が濃い

2対の斑点

メス

卵のうを守るメス

メス外雌器

オス

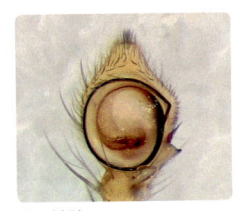

オス触肢

大きさ：メス4〜6mm, オス3〜4mm
成体出現時期：夏〜秋
分布：日本全土

頭胸部は濃い緑色で，腹部は丸みがあり，中央に2〜3対の黒点がある。平地から山地まで広く分布し，草地や林縁に生息する。ハナグモ（p.90）に似るが，腹部に黒点があることや，頭胸部の毛が目立つことで識別できる。

| カニグモ科　*Thomisidae* | ★★ |

トラフカニグモ
Tmarus piger

類似種との識別点

セマルトラフカニグモ：
下部のみ角張る

トラフカニグモ：
背中も角張る

メス

オス

メス外雌器

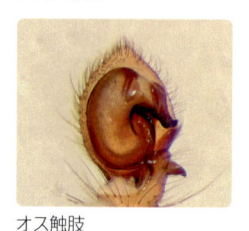

オス触肢

大きさ：メス4～8mm，オス3～5mm
成体出現時期：夏
分布：北海道・本州・四国・九州

腹部中央が盛り上がり，後方の両端は角張る。平地に分布し，森林内や林縁などの薄暗い環境に生息する。アリを専門に襲う習性をもつ。近縁種にセマルトラフカニグモ，ヤギヌマノセマルトラフカニグモがいるが，腹部の角張り度合いは本種のほうが強い。

カニグモ科　*Thomisidae*　★★

ワカバグモ
Oxytate striatipes

メス

歩脚や頭胸部が赤味を帯びる

オス

ハチを捕らえたメス

メス外雌器

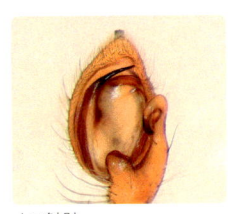

オス触肢

大きさ：メス9〜12mm, オス6〜11mm
成体出現時期：春〜秋
分布：北海道・本州・四国・九州

全身緑色で, 腹部が細長い。オスには色彩変異があり, 頭や脚の節が赤色味を帯びる個体がいる。草地から林縁までさまざまな環境に生息し, 葉の上でハエやハチなどの昆虫を待ちかまえる。沖縄地方にはホシズナワカバグモというよく似た別種がいる。

| カニグモ科　*Thomisidae* | ★★★ |

アズチグモ
Thomisus labefactus

メス

眼域が三角形で縁がとがる

黄色個体（メス）

オス

メス外雌器

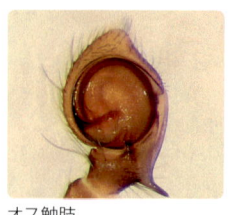

オス触肢

大きさ：メス6〜9mm，オス2〜4mm
成体出現時期：夏〜秋
分布：本州・四国・九州

メスは全身白色の個体や黄色の個体，白地に褐色の斑紋が入る個体など変異がある。オスは小さく全身が橙色。雌雄ともに正面から見ると，眼域の形が逆三角形をしている。平地から山地まで生息し，草や樹木の花の上に潜んで，チョウやハチなどの訪花性昆虫を捕らえる。

| カニグモ科　*Thomisidae* | ★ |

ヤミイロカニグモ
Xysticus croceus

茶色もしくは茶褐色 …… メス

歩脚の先端以外は黒い …… オス

類 **アズマカニグモ**
（メス）見た目での識別は困難

メス外雌器

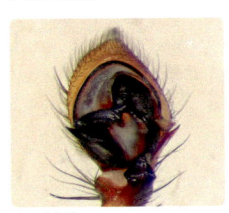

オス触肢

大きさ：メス5〜10mm, オス4〜7mm
成体出現時期：春〜秋
分布：北海道・本州・四国・九州

全身茶褐色でオスはメスに比べて黒っぽい。第1, 2脚を広げて横に歩く様子はカニのようである。山地から平地まで広く生息し，樹木や草本の上で獲物を待ちかまえる。同属に見た目がそっくりな種が複数いるため，正確な同定には交尾器を見る必要がある。

| ハエトリグモ科　*Salticidae* | ★ |

ネコハエトリ
Carrhotus xanthogramma

黒地に白い輪状斑

メス

色彩変異

中央に黒い斑紋

オス

メス外雌器

オス触肢

大きさ：メス7〜13mm，オス7〜13mm
成体出現時期：春〜夏
分布：北海道・本州・四国・九州

メスは茶色の毛で覆われ，腹部はさまざまな色の毛で構成された複雑な模様をもつ。オスは頭胸部が黒く，腹部中央に黒い斑紋がある。平地の草地や林縁，公園で見られ，手すりなどの人工物の上でも見られる。オス同士は第1脚を左右に広げて闘争することが知られる。

| ハエトリグモ科　*Salticidae* | ★ |

マミジロハエトリ
Evarcha albaria

メス

左右に1対の黒条

頭胸部前縁が白い

オス正面
触肢の先端も白い

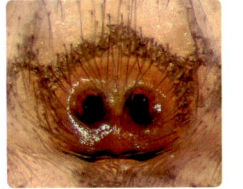

オス

メス外雌器

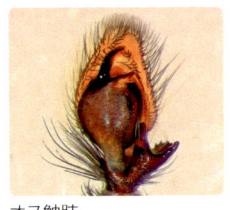

オス触肢

大きさ：メス6〜8mm, オス6〜7mm
成体出現時期：春〜夏
分布：北海道・本州・四国・九州

メスは頭胸部が黒色, 腹部は茶褐色で後端に1対の特徴的な縦帯がある。オスは頭胸部の先端に白い横帯がある。最も普通に見られるハエトリグモで, 山地から平地にかけての草地で見られる。マミクロハエトリという類似種がいるが, オスは頭胸部の先端が白くないこと, 本種よりもひと回りサイズが大きいことで識別できる。

| ハエトリグモ科　*Salticidae* | ★★ |

ヨダンハエトリ
Marpissa pulla

メス

頭胸部前縁が赤い

オス正面
触肢の先端が
白くない個体もいる

オス

メス外雌器

大きさ：メス6〜7mm，オス6〜7mm
成体出現時期：夏
分布：北海道・本州・四国・九州

種名の由来にもなった腹部の4本のしま模様が特徴的。オスでは頭胸部前方の赤い斑紋とその後方の1対の白斑が目立つが，白斑がない個体もいる。草地にいるが，地表面を歩くことが多いため，派手な外見の割に見つけにくい。

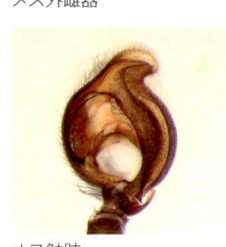

オス触肢

| ハエトリグモ科　*Salticidae* | ★★ |

ヤハズハエトリ
Mendoza elongata

メス

矢筈状の模様

オス

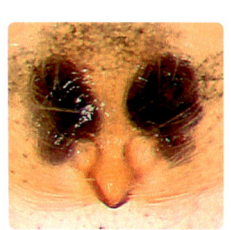

メス外雌器

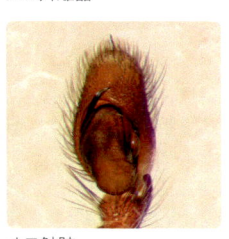

オス触肢

メス　黒点が目立つ
オス　全身が黒い
類 **オスクロハエトリ**

大きさ：メス9〜11mm, オス8〜9mm
成体出現時期：夏
分布：日本全土

全体的に細長い体形をしている。メスの腹部は白地で、2本の目立つ黒条がある。オスの腹部は黒く、白い矢筈状の模様をもつ。オスの第1脚は長い。河川敷やススキ原などイネ科植物が生い茂る草地に多い。危険を感じると後ずさりする。

99

| ハエトリグモ科 *Salticidae* | ★★ |

アリグモ
Myrmarachne japonica

頭胸部がくびれる

メス

上顎が大きい

オス

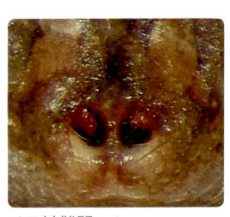

体が細長く光沢がある

メス　オス

類 ヤサアリグモ

メス外雌器

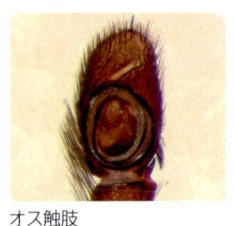

オス触肢

大きさ：メス7〜8mm, オス5〜6mm
成体出現時期：春〜夏
分布：日本全土

メスはアリにそっくりな外見をしている。オスは上顎（うわあご）が大きい。里山から市街地までさまざまな環境で見られ，樹木の葉の上や枝，公園の手すりの上を徘徊する。行動もアリに似ており，第1脚を触角のように動かす。本種は同属他種に比べて成体出現時期が早く，春から初夏にかけて成熟する。

クモ FAQ Part:2

Q3. 日本でいちばん大きなクモは?

　体長が最大のクモはオオジョロウグモです[1]。体の大きさは最大50mm前後,網の大きさは最大で1m近くにも達します。捕獲能力も高く,稀にコウモリや鳥などの脊椎動物が捕まることさえあります[2]。主にアジアの熱帯地域に分布しており,日本では種子島・屋久島以南で見られますが,最近では大隅半島でも記録されています。一方,重量は奄美・沖縄地方に分布するオオハシリグモというクモが最大です。実はこのクモ,2003年に新種として記載されました。こんなに大きなクモに名前がついていなかったとは驚きですね。

オオジョロウグモ *Nephila pilipes*

オオハシリグモ *Dolomedes orion*

Q4. 一度張った網はどうしているの?

　円網性のクモは,ほぼ毎日網を張り替えています。網の粘着力が時間と共に弱くなり,獲物の保持能力が失われるためです。そして網を張り替える前,なんと糸を食べて網を回収します[3]。糸はタンパク質でできており,網を張るには多くのエネルギーが必要なため,網を食べることでエネルギーをリサイクルしているのです。一方,立体網を張るサラグモやヒメグモの仲間は,部分的に網を補修するのみで,全面的に網を張り替えることはしません。立体網は粘着性の物質をもたず,獲物が糸の間に迷いこむことによって捕獲されるため,部分的な修復で事足りるのです。また,これらのクモは網を食べて回収する能力をもたないため,網を頻繁に作り直すことは,エネルギー収支の観点からも効率的ではないと考えられます。

※1 谷川明男・八幡明彦 2002 遊絲 11: 9-12.
※2 Nyffeler, M. & Knörnschild, M. 2013 PLoS ONE 8: e58120.
※3 Townley, M. & Tillinghast, E. K. 1988 J. Arachnol. 16:303-319.

| ハエトリグモ科　*Salticidae* | ★ |

アダンソンハエトリ
Hasarius adansoni

メス

腹部前縁に白帯

オス

メス外雌器

オス触肢

大きさ：メス 6〜8mm, オス5〜6mm
成体出現時期: 夏
分布：日本全土

メスは全体的に茶色っぽく，眼域は帯状の模様で囲われ，腹部の縦条の両脇は黒く縁取られる。オスは白黒のコントラストが強く，腹部の1対の白い斑紋や頭胸部の三日月状の白帯が目立つ。屋内性のクモで，人家の壁や天井を徘徊する。沖縄などの温暖な地域では野外でも見られる。

| ハエトリグモ科　*Salticidae* | ★★ |

シラヒゲハエトリ
Menemerus fulvus

腹部が黒く縁取られる

メス

腹部の縁取りはない

オス

メス外雌器

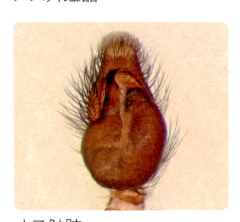

オス触肢

大きさ：メス8～10mm，オス6～9mm
成体出現時期：夏～秋
分布：本州・四国・九州・南西諸島

全身が明るい灰色で頭胸部の側面は黒く，メスの腹部の縁は黒い線で縁取られる。オスの体色も明るい灰色だが，腹部の縁取りはなく，中央に黒条が入る。人家の壁やコンクリート塀など人工的な環境でよく見られ，森林や草地で見られることはほとんどない。

| ハエトリグモ科　*Salticidae* | ★★ |

メガネアサヒハエトリ
Phintella linea

メス外雌器

オス触肢

メス

オス
派手な模様をもつ

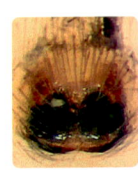

大きさ：メス5〜6mm, オス3〜5mm
成体出現時期：夏〜秋　**分布**：北海道・本州・四国・九州

メスの体は淡い黄褐色で, 腹部に黒い模様が入る個体もいる。オスは黄褐色の地に黒色, 白色, 褐色の複雑な模様が入り, 派手である。平地の草地の地表面や草の間で見られる。

| ハエトリグモ科　*Salticidae* | ★★ |

マガネアサヒハエトリ
Phintella arenicolor

メス外雌器

オス触肢

オス
体色が淡い

メス

大きさ：メス5〜6mm, オス3〜6mm
成体出現時期：春〜秋　**分布**：北海道・本州・四国・九州

メスの体は全体的に淡く, 腹部にまばらな斑紋がある。オスは頭胸部が黒く, 腹部は明るい模様の中に黒い模様が入る。山地から低地の草の間や樹木の上を徘徊する。

| ハエトリグモ科　*Salticidae* | ★★ |

チャイロアサヒハエトリ
Phintella abnormis

メス

歩脚が長い

オス

メス外雌器

オス触肢

大きさ：メス6〜7mm, オス5〜7mm
成体出現時期：夏
分布：北海道・本州・四国・九州

メスの体は淡く、腹部や頭胸部に濃緑色の複雑な模様がある。一方、オスは全身に黄色い毛が生え、歩脚が長い。山地から平地の林縁で見られ、草の間や低木の葉の上を徘徊する。同属他種よりもやや体が大きい。

105

| ハエトリグモ科　*Salticidae* | ★★ |

デーニッツハエトリ
Plexippoides doenitzi

メス

オス

メス外雌器

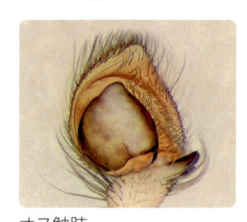

オス触肢

大きさ：メス8〜9mm, オス6〜7mm
成体出現時期：春〜秋
分布：北海道・本州・四国・九州

メスの体は薄い褐色で、腹部に特徴的な茶色の縦条がある。オスはメスより体が明るく、斑紋は不明瞭。幼体は頭胸部の中央に大きな黒斑があり、成体とは模様が異なる。平地から山地にかけて生息し、林縁などやや薄暗い環境で見られる。

| ハエトリグモ科　*Salticidae* | ★★ |

ミスジハエトリ
Plexippus setipes

中央に薄い縦条

メス

オス正面
前列眼の周りが赤い

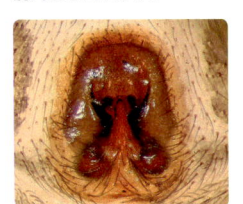

メス外雌器

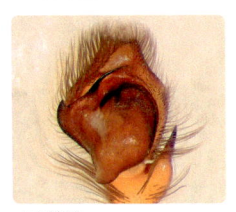

オス触肢

オス

大きさ：メス 7〜9mm, オス6〜7mm
成体出現時期：春〜夏
分布：日本全土

メスの体は全体的に暗く、腹部中央の明るい部分に縦条が走る。オスは頭胸部前端が赤く、頭胸部と腹部の両端に黒条がある。屋内性で壁面などによくいるが、南方では野外でも見られる。ほかの屋内性のハエトリグモと模様が異なるため、識別は容易。

| ハエトリグモ科　*Salticidae* | ★★ |

チャスジハエトリ
Plexippus paykulli

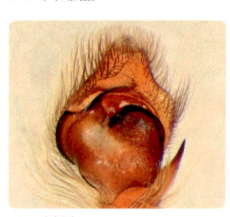

縦条
白斑
メス
オス

メス外雌器

オス触肢

大きさ：メス12mm, オス7〜11mm
成体出現時期：春〜夏
分布：日本全土

メスは全身茶褐色で，腹部後端に1対の特徴的な白斑がある。オスは白地に黒い特徴的な縦条をもつ。屋内性の大形のハエトリグモで，家屋や建物の壁面でよく見られる。暖地性のクモで日本の南西部で個体数が多い。

| ハエトリグモ科　*Salticidae* | ★★ |

カラスハエトリ
Rhene atrata

頭が幅広く扁平

メス

第1脚が太い

オス

メス外雌器

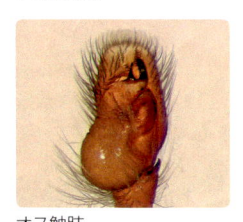

オス触肢

類 ヒメカラスハエトリ（メス）
カラスハエトリより小さい

大きさ：メス5〜8mm、オス5〜7mm
成体出現時期：春〜夏
分布：本州・四国・九州

雌雄ともに体が扁平で頭胸部が幅広い。メスは腹部に白条と黒斑が混じった複雑な模様をもつ。オスは全体的に黒い部分が多くて第1脚が太い。平地から山地まで広く分布し，林やその周辺の樹木や人工物の上でよく見られる。類似種にヒメカラスハエトリがいるが，本種より小さい。

| ハエトリグモ科　*Salticidae* | ★★ |

アオオビハエトリ

Siler cupreus

メス

青い帯

脛節下部に
ブラシ状の毛

オス

メス外雌器

オス触肢

大きさ：メス 5〜7mm, オス 4〜6mm
成体出現時期：夏〜秋
分布：本州・四国・九州

雌雄とも青色の金属光沢があり，腹部に黒い帯をもつ。平地の神社や公園，草地などさまざまな環境で見られる。ふだんは壁面や石の下に袋状の住居を作り，その中に潜む。アリを専門に食べる習性をもち，巣の引っ越し中の群れから幼虫を奪って食べることもある。

索引

ア アオオニグモ…43
アオオビハエトリ…110
アオグロハシリグモ…75
アカイロトリノフンダマシ…59
アサヒエビグモ…88
アシダカグモ…86
アシナガグモ…38
アシナガサラグモ…28
アシブトヒメグモ…18
アズチグモ…94
アズマキシダグモ…78
アダンソンハエトリ…102
アリグモ…100
イエオニグモ…63
イエユウレイグモ…11
イオウイロハシリグモ…76
イシサワオニグモ…42
イナダハリゲコモリグモ…73
ウヅキコモリグモ…72
ウロコアシナガグモ…36
オウギグモ…14
オオシロカネグモ…33
オオトリノフンダマシ…57
オオヒメグモ…24
オナガグモ…22
オニグモ…44

カ カグヤヒメグモ…25
カタハリウズグモ…16
カバキコマチグモ…84
カラスハエトリ…109
カラフトオニグモ…71
キクヅキコモリグモ…74
キシノウエトタテグモ…9
キララシロカネグモ…31
ギンメッキゴミグモ…52
キンヨウグモ…34
クサグモ…80
クスミサラグモ…27
コアシダカグモ…87
コガタコガネグモ…49
コガネグモ…46
コガネグモダマシ…61
コクサグモ…81
コゲチャオニグモ…67
コシロカネグモ…33
コハナグモ…91
ゴミグモ…51

サ サガオニグモ…70
ササグモ…79
サツマノミダマシ…64

ジグモ…8
シャコグモ…89
ジョロウグモ…40
シラヒゲハエトリ…103
シロオビトリノフンダマシ…58
シロカネイソウロウグモ…19
シロスジショウジョウグモ…60
ズグロオニグモ…69
スジアカハシリグモ…77

タ チャイロアサヒハエトリ…105
チャスジハエトリ…108
チュウガタコガネグモ…47
チュウガタシロカネグモ…32
チリイソウロウグモ…21
デーニッツハエトリ…106
トガリアシナガグモ…37
ドヨウオニグモ…68
トラフカニグモ…92
トリノフンダマシ…56

ナ ナガコガネグモ…50
ナカムラオニグモ…62
ニホンヒメグモ…23
ネコハエトリ…96
ネコハグモ…82

ハ ハツリグモ…41
ハナグモ…90
ヒラタグモ…13
ヘリジロサラグモ…29

マ マガネアサヒハエトリ…104
マネキグモ…15
マミジロハエトリ…97
ミスジハエトリ…107
ミヤグモ…12
ムツボシオニグモ…45
メガネアサヒハエトリ…104
メガネドヨウグモ…35

ヤ ヤサガタアシナガグモ…39
ヤハズハエトリ…99
ヤマウズグモ…16
ヤマシロオニグモ…66
ヤマトコマチグモ…85
ヤマトゴミグモ…53
ヤミイロカニグモ…95
ヤリグモ…26
ユウレイグモ…10
ユノハマサラグモ…30
ヨダンハエトリ…98
ヨツデゴミグモ…54

ワ ワカバグモ…93
ワキグロサツマノミダマシ…64

あとがき

　私がクモに興味をもったのは小学4年生のときです。夏休みの自由研究のテーマを探している際，親に買ってもらった学研の図鑑「クモ」を読み，身近なクモの名前を調べてみようと思い立ちました。実際，クモを調べてみると身の回りにはたくさんの種がいることに驚きました。また，ありふれた生き物にも関わらず，周りにクモの名前がわかる人が誰ひとりいないことも意外でした。このミステリアスさに心惹かれ，私はクモの世界に足を踏み入れたのでした。

　意外かもしれませんが，クモの愛好家や研究者で幼少期からクモが好きだった人は少数派で，むしろ嫌いだった人が多いようです。クモに興味をもつきっかけは何だったのでしょうか？　その鍵はイメージと中身とのギャップにあるようです。一般的にクモは「毒グモ」という言葉に象徴されるように，悪いイメージが先行しがちですが，その実態は，糸という道具を巧みに操るユニークな存在であり，さらには捕食者として自然界の重要な役割も担います。その興味深い生態や役割を知ることで，クモに対するイメージが180度変わるようです。そのため，本書では形態だけでなく，生態に関する記述もできるだけ多く盛り込みました。世間一般のクモに対する悪いイメージを逆手にとることで，多くの方々にクモの多様さ・おもしろさを知っていただけたらと願っています。

　末筆になりますが，図鑑の出版という貴重な機会を与えてくださった（株）文一総合出版の中村友洋氏に厚くお礼申し上げます。（馬場友希）

参考文献
- 池田博明 クモ生理生態辞典 http://www.ne.jp/asahi/jumpingspider/studycenter/Dic11.html
- 小野展嗣 2002. クモ学. 東海大学出版会
- 小野展嗣（編）2009. 日本産クモ類. 東海大学出版会
- 新海 明・谷川明男 2013. クモの巣図鑑. 偕成社
- 新海 明・谷川明男・池田博明 2013. クモの巣と網の不思議―多様な網とクモの面白い生活 増補復刻版. 夢工房
- 新海 明・安藤昭久・谷川明男・池田博明・桑田隆生 2014. CD 日本のクモ Ver. 2014.（著者自刊）
- 新海栄一 2006. ネイチャーガイド 日本のクモ. 文一総合出版
- 千国安之輔 2008. 写真日本クモ類大図鑑（改訂版）. 偕成社
- 宮下 直（編）2000. クモの生物学. 東京大学出版会

学会・同好会
- 日本蜘蛛学会 http://www.arachnology.jp/
- 東京蜘蛛談話会 http://www.asahi-net.or.jp/~hi2h-ikd/tss1.htm
- 中部蜘蛛懇談会 http://ckumo.web.fc2.com/
- 三重クモ談話会 http://miekumo.web.fc2.com/
- 関西クモ研究会 http://www.omnh.net/dantai/print.cgi?ID=48